Grundkurs Mikroelektronik

Kundenschaltkreise
Standardschaltkreise
Mikrocomputerschaltkreise

Prof. Dr.-Ing. habil. Albrecht Möschwitzer

2., stark bearbeitete Auflage

Carl Hanser Verlag München Wien

CIP-Kurztitelaufnahme der Deutschen Bibliothek

Möschwitzer, Albrecht:
Grundkurs Mikroelektronik : Kundenschaltkreise,
Standardschaltkreise, Mikrocomputerschaltkreise
/ von Albrecht Möschwitzer. — 2., stark bearb.
Aufl. — München ; Wien : Hanser, 1987.
ISBN 3-446-14659-8

139 Bilder, 23 Tafeln

Ausgabe des Carl Hanser Verlag, München, 1987
© VEB Verlag Technik, Berlin, 1987
Printed in the German Democratic Republic
Gesamtherstellung: VEB Druckerei „Gottfried
Wilhelm Leibniz", Gräfenhainichen

Vorwort

Die stürmische Entwicklung der Mikroelektronik beeinflußt unser tägliches Leben immer intensiver, so daß mehr und mehr Menschen angeregt werden, sich für diese Technik zu interessieren. Insbesondere immer mehr Ingenieure müssen sich eingehend mit ihr befassen, auch wenn sie nicht aus dem Elektronikfach kommen, denn die mikroelektronischen Schaltkreise dringen zunehmend in nahezu alle technischen Produkte ein.

Der vorliegende Grundkurs will allen interessierten Ingenieuren und Ingenieurstudenten einen Weg ebnen, die „Geheimnisse" der Mikroelektronik zu ergründen, ohne einerseits besondere Voraussetzungen zu verlangen, andererseits aber auch nicht zu oberflächlich zu bleiben. Denn am Ende dieses Kurses sollte der aufmerksame Leser in der Lage sein, einen einfachen (**Kunden-**) **Schaltkreis** in MOS- bzw. CMOS-Technik selbst zu entwerfen oder durch Anwendung von **Standardschaltkreisen** eine einfache Hard- und Softwarelösung eines **Mikrocomputers** zu realisieren! Dies wird durch eine Reihe von Aufgaben und Lösungen unterstützt. Dieses Buch will also den **Einstieg** in die **Realisierung** mikroelektronischer Systeme ermöglichen. Deshalb werden neben der Technik des Entwurfes integrierter Schaltungen (einschließlich Computer Aided Design≙CAD), Funktion und Anwendung analoger und digitaler Standardschaltkreise vorzugsweise für Mikrocomputer behandelt. Damit werden auch solche Fragen beantwortet: Wie funktionieren Kleincomputer, Taschenrechner, elektronische Uhren, Fernsehspiele u. a. m.? Darüber hinaus wird ein Überblick über das Wesen und die Anwendung der Mikroelektronik gegeben.

Ich danke Herrn Ing. O. Orlik für die ausgezeichnete Zusammenarbeit.

A. Möschwitzer

nhaltsverzeichnis

1. Wesen und Inhalt der Mikroelektronik

Elektronische Geräte spielen auf allen Gebieten der Technik seit Einführung der Elektronenröhre nach 1910 eine bedeutende Rolle. Das verdanken sie vor allem ihrer großen Zuverlässigkeit, ihrer hohen Arbeitsgeschwindigkeit und ihrer Wirtschaftlichkeit im Vergleich zu anderen Funktionsprinzipien. Die 1. Generation elektronischer Geräte war vor allem durch die Anwendung der von *Lieben* und von *Forest* 1906 erfundenen **Verstärkerröhre** gekennzeichnet. Sie wurde zu Beginn der 50er Jahre durch die 2. Generation abgelöst, deren wesentliche Bauelemente die **Transistoren** waren. Transistoren sind Halbleiterbauelemente, deren Funktion durch den Stromfluß in Halbleitereinkristallen (vorzugsweise Silizium) von einigen Tausendstelkubikmillimetern Volumen bestimmt wird. Die Einführung der Transistoren ermöglichte eine weitere Steigerung der Zuverlässigkeit und Wirtschaftlichkeit gegenüber der Elektronenröhre. Die höhere Zuverlässigkeit ergibt sich unmittelbar aus der Konstruktion: Während die Elektronenröhre zu ihrer Funktion ein Vakuumgefäß für den Stromtransport und eine geheizte Katode zur Erzeugung der Ladungsträger benötigt, ist für Transistoren nur ein sehr kleines Einkristallchip erforderlich. Es muß weder gegen die „feindliche Umwelt" durch ein Gefäß geschützt werden (der Siliziumkristall schützt sich z. B. durch eine „natürliche" SiO_2-Schicht selbst) noch zur Erzeugung der für den Stromfluß notwendigen Ladungsträger geheizt werden. Die größere Wirtschaftlichkeit ergibt sich aus der rationelleren Massenfertigung, dem geringeren Einsatz an Material und dem niedrigeren Energieverbrauch.

Der von *W. Shockley* 1948 erfundene und entwickelte **Bipolartransistor** und der von *M. M. Atalla* und *D. Khang* 1960 entwickelte **MOS-Feldeffekttransistor** waren deshalb forthin die Realisierungsgrundlage für elektronische Geräte [1] bis [3]. Durch diese Entwicklung erhielt auch die Rechentechnik entscheidende Impulse. Gerade die Rechentechnik, insbesondere für die Raumfahrt, zeigte aber bereits die Grenzen der **diskreten Schaltungstechnik** mit Transistoren auf. Elektronische Systeme mit wesentlich mehr als 10000 Transistoren ließen sich kaum wirtschaftlich, zuverlässig und auf vernünftigem Raum realisieren. Deshalb kamen etwa ein Jahrzehnt nach der Einführung der Transistoren, nämlich 1959, Ideen von *R. N. Noyce, J. S. Kilby* und *K. Lehovec* gerade zur rechten Zeit. Sie sind im Prinzip die Grundlage für die heutige Mikroelektronik. *Noyce* schlug z. B. in seinem Patent (s. Bild 1) vor, in einem Einkristallchip nicht nur e i n e n Transistor zu realisieren, sondern m e h r e r e und u. U. auch noch Widerstände und Kapazitäten. Diese Bauelemente sollten dann intern zu einer Schaltung verbunden werden (z. B. zu einem kleinen Verstärker oder zu einem Flipflop) und so als komplexes Bauelement dem Anwender angeboten werden.

Da die gesamte Schaltung auf einem Einkristallchip realisiert ist, bezeichnet man diese Bauelemente als integrierte Schaltkreise. Umgangssprachlich hat sich für diese Technik auch das Wort **Mikroelektronik** eingebürgert, da durch die enge Nachbarschaft der auf einem Chip vereinten Bauelemente elektronische Bausteine (Schaltkreise) mit sehr geringer Baugröße (daher „Mikro") realisiert werden können.

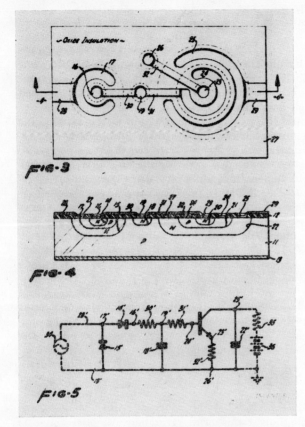

Bild 1. Abbildung aus der Patentschrift von R. N. Noyce vom Juli 1959

Bild 2. Foto eines Schaltkreischips

Mit Beginn der 60er Jahre wurden die diskreten Transistorschaltungen mehr und mehr durch diese **integrierten Schaltkreise** abgelöst. Diese Phase, die etwa bis 1970 reichte, bezeichnet man als **3. Generation** elektronischer Geräte. Sie war vor allem durch den Einsatz niedrig- und mittelintegrierter Schaltkreise gekennzeichnet. Das sind Schaltkreise, bei denen auf einem Halbleitereinkristallchip von einigen Quadratmillimetern Fläche analoge und digitale Schaltungen mit 10 bis zu einigen 100 Bauelementen integriert sind. Solche Schaltungen sind z. B. Verstärker, Logikgatter, Flipflops, Zähler, Register (s. Abschnitt 3.3.). Es wurden im Laufe der Zeit verschiedene Schaltungstechniken und Herstellungstechnologien entwickelt. Zu Weltstandards haben sich die TTL-Technik, die CMOS-Technik und die ECL-Technik entwickelt (s. auch Abschnitte 3.2.2. und 4.). Die Draufsicht auf ein solches stark vergrößertes Halbleiterchip ist im Bild 2 gezeigt. Die hellen Flächen sind dünne Aluminiumschichten, die als interne Verbindungsleitungen zwischen den Bauelementen auf dem Chip dienen. Die Bauelemente (Transistoren und Widerstände) sind verschieden dotierte Gebiete des Kristalls. Sie befinden sich unter den Verbindungsleitungen (im Bild nicht zu erkennen). Die Vierecke am Rande des Chips sind Aluminiumschichten, die als Anschlußinseln (Bondinseln, Pins) für die dünnen Golddrähte zu den äußeren Anschlüssen (Bild 3) dienen. Das Ganze wird dann in ein Plast- oder Keramikgehäuse mit 14 bis 16 Anschlüssen montiert (s. Bild 4).

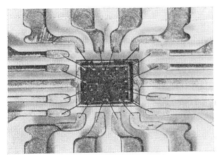 

Bild 3. Foto eines Schaltkreischips mit Bonddrähten zu den nach außen führenden Metallanschlüssen

Bild 4. Dual-in-line-Gehäuse

Diese 3. Generation elektronischer Bausteine führte auch zu einer neuen Generation leistungsfähiger Computer.
Die Technik integrierter Schaltkreise hat seit den Anfängen 1960 eine beispiellose Evolution durchgemacht. Verfeinerte Herstellungstechnologien machten mehr und mehr Bauelemente auf einem Halbleiterchip integrierbar. 1970 konnten bereits einige tausend, 1980 hunderttausend Bauelemente auf einem Chip zu einem elektrischen Baustein integriert werden. Und das ist noch längst nicht das Ende, so sagen wissenschaftliche Prognosen voraus (s. Bild 5): 10^7 bis 10^8 Einzelbauelemente werden noch bis zum Jahre 2000 auf einem Chip integriert werden. Elektronische Bausteine mit Tausenden von Bauelementen bezeichnet man als LSI- bzw. VLSI-Schaltkreise (large scale integration bzw. very large scale integration). LSI- bzw. VLSI-Schaltkreise kennzeichnen die **4. Generation** elektronischer Geräte. Jetzt handelt

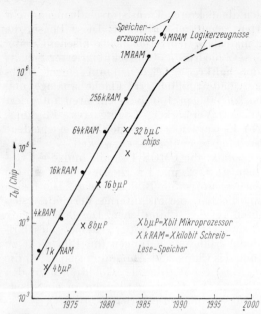

*Bild 5. Historische Entwicklung des Integrationsgrades typischer Mikroprozessor-
und Speicherprodukte*

es sich nicht mehr um elektronische Schaltungen schlechthin, sondern um
integrierte Systeme. Wir wollen im folgenden stets von **Mikrosystemen**
sprechen. Im Bild 5 sind neben der Entwicklung des Integrationsgrades bis
zum Jahre 2000 auch einige mit LSI- und VLSI-Schaltkreisen bereits er-
zielte Integrationsgrade aufgetragen. Die Entwicklung der LSI-Technik
begann Anfang der 70er Jahre mit einem 1-kbit-RAM-Speicher (1 k RAM) und
mit dem 4-bit-Mikroprozessor (4b μP) und wurde bis zu dem 32-bit-Mikro-
computerchip (32b μC) und bis zu dem 4-Mbit-RAM (4-Md-RAM) fortgesetzt. Die beiden letzten enthalten bereits bis zu 500 000 Einzelbauelemente.
Auch in unserem Alltag begegnen wir solchen Mikrosystemen. Beispiele dafür
sind vollelektronische Uhren, Taschenrechner, Homecomputer u. a. m.
Mit der LSI- bzw. VLSI-Technik wurden aber nicht nur attraktive und
nützliche Konsumgüter möglich, sondern es wurde auch eine Zuverlässig-
keitsbarriere durchbrochen:
Ein System mit Z_b Bauelementen funktioniert mit folgender Wahrscheinlichkeit P während der Zeit Δt ohne Ausfälle

$$P = \frac{\left[\frac{1}{T} Z_b \Delta t\right]^{\Delta Z_b}}{\Delta Z_b!} \exp\left(-\frac{\Delta t}{T} Z_b\right) \tag{1}$$

(T mittlere Lebensdauer $\approx 10^7$ Stunden bei Halbleiterbauelementen).
Betrachten wir einmal folgendes Beispiel:
Ein Taschenrechner benötigt etwa 10 000 Transistorfunktionen. Würde
man ihn aus $Z_b = 10000$ Einzeltransistoren aufbauen (dann wäre er allerdings der Größe nach kein Taschenrechner mehr), so würde er gemäß (1) nur
die Betriebszeit von $\Delta t = 1000$ Stunden mit der Wahrscheinlichkeit von

10

$P \approx 37\ \%$ fehlerfrei ($\Delta Z_b = 0$) überleben. Baut man den gleichen Taschenrechner dagegen — wie das üblich ist — mit $Z_b = 1$ Schaltkreis (der die 10 000 Transistoren enthält) auf, so überlebt er die $\Delta t = 1000$ Stunden mit einer Wahrscheinlichkeit von $P = 99,99\ \%$ fehlerfrei. Schon hieran erkennt man die entscheidende Bedeutung der Mikroelektronik für die Zuverlässigkeit großer Systeme.

Die 4. Generation elektronischer Geräte brachte vor allem auch eine neue Computergeneration mit sich, die Mikro- und Minicomputer auf der Basis von **Mikroprozessoren.**

Der 1969 von *M. E. Hoff* bei der Firma INTEL entwickelte Mikroprozessor ist ein LSI- bzw. VLSI-Schaltkreis, der alle Funktionen einer frei programmierbaren zentralen Verarbeitungseinheit (CPU central processor unit)

Bild 6. Foto eines 32-bit-Prozessorchips nach [14]

erfüllt. Damit war ein leistungsfähiger Standardbaustein geschaffen, der durch Programmierung den Wünschen des jeweiligen Anwenders angepaßt werden konnte. Da es ein Standardbaustein ist, konnte er ökonomisch in großen Stückzahlen produziert werden. Angenommen, der Preis eines solchen Mikroprozessorbausteins mit 30 000 Transistoren ist 60,—M, so kostet eine Transistorfunktion nur 0,2 Pfennige. Bei solch niedrigen Preisen war für die Ingenieure und Projektanten in allen Bereichen der Technik der Anreiz gegeben, ihre mannigfaltigen Automatisierungs- und Datenverarbeitungsprobleme mit diesen „Rechenzwergen" zu lösen. Die Beherrschung dieser Technik hat damit entscheidende volkswirtschaftliche Bedeutung. Um einmal sichtbar zu machen, welche enorme Entwicklung sich in der Mikroelektronik in den vergangenen 15 Jahren vollzogen hat, ist im Bild 6 das Foto eines 32-bit-Prozessors für ein Mikrocomputersystem des Jahres 1981 mit etwa 50 000 integrierten Transistoren gezeigt [14]. Solche Schaltkreise werden in Plast- oder Keramikgehäusen mit bis zu 64 Anschlüssen montiert (s. Bild 7).

Bild 7. Dual-in-line-Gehäuse für hochintegrierte Schaltkreise

Ein kompletter Mikrocomputer benötigt außer dem Mikroprozessorschaltkreis noch weitere Bausteine, z. B. Speicherschaltkreise, in denen die Programme und Daten gespeichert sind, Interfaceschaltkreise, die den Anschluß äußerer Geräte für die Dateneingabe und -ausgabe ermöglichen, und weitere Zusatzschaltkreise für die Steuerung der Funktionsabläufe und die Zusammenschaltung des Gesamtsystems. Die Anwendung der mikroelektronischen **Standardbausteine** (integrierte Schaltkreise) für die verschiedensten Bereiche der Technik bedeutet also nach Festlegung des Lösungsweges für die konkrete Aufgabe:

1. Entwurf und Realisierung der Leiterkarte mit den ausgewählten Standardbausteinen (hardware design) und
2. Entwicklung eines Programms zum Betrieb des Systems (software design).

Mit der sicheren Beherrschung der technologischen Herstellung integrierter Bausteine gewinnen neben den Standardbausteinen heute auch die **kundenspezifischen Schaltkreise** an Bedeutung. Sie werden in relativ kleinen Stückzahlen hergestellt und vor allem dann eingesetzt, wenn bestimmte elektrische Parameter mit Standardbausteinen nicht erreichbar sind bzw. die Programmierung zu aufwendig ist. Eine allgemeingültige Einführung in die Mikroelektronik für einen breiten Leserkreis muß deshalb besonders neben einem Überblick über die allgemeinen Gesichtspunkte der Mikroelektronik (Wesen, Inhalt, Technologie) die Belange der Schaltungs- und Systemrealisierung enthalten, und zwar in einer solchen Form, daß sie ohne jede Voraussetzung — mit Ausnahme des logischen Denkens — verständlich und auch anwendbar werden. Das wird in den folgenden Abschnitten geschehen.

2. Überblick über den gesamten Prozeß der Realisierung integrierter Schaltkreise

2.1. Das Arbeitsgebiet des Schaltkreisentwerfers

Wie es bereits am Ende des vorigen Abschnittes angedeutet wurde, ist eine zunehmende Anzahl von Ingenieuren an der Realisierung problemangepaßter (Kundenwunsch-) Schaltkreise interessiert. Die ausgereiften Herstellungstechnologien bilden heute dafür eine reale Grundlage. Die Halbleiter- bzw. Schaltkreishersteller bieten die Fertigung von Kundenwunschschaltkreisen in gut erprobten **Basistechnologien** (s. Abschnitt 2.2.) an. Für den Hersteller ist es dabei uninteressant, welche Funktion der vom Anwender gewünschte Schaltkreis ausführt. Umgekehrt muß der Schaltkreisentwerfer, d. h. der Ingenieur, der für die Funktion verantwortlich ist, die Details der Fertigungstechnologie nicht kennen. Für die meisten Schaltkreisentwürfe muß er lediglich die vom Schaltkreishersteller vorgegebenen Entwurfsregeln einhalten (z. B. minimale Abstände zwischen Strukturelementen).

Eine Ausnahme sind hier natürlich solche Schaltkreisentwürfe, die selbst zur Weiterentwicklung und Vervollkommnung der Basistechnologien beitragen, bzw. Schaltkreisfunktionen, die stark von der Technologie beeinflußt werden (z. B. analoge Schaltungsteile).

> In diesem Buch wollen wir uns vorzugsweise mit dem Entwurf digitaler Schaltkreise auf der Basis erprobter MOS-Technologien beschäftigen (dieser Fall kommt in der Praxis am häufigsten vor).

Gemäß Bild 8 ist damit eine Dreiteilung der Kompetenzen im Realisierungsprozeß eines integrierten Kundenwunschschaltkreises möglich. Voraussetzung ist allerdings, daß exakt definierte Schnittstellen und Verantwortlichkeiten fixiert sind [15]. Gemäß Bild 8 nimmt das Ganze seinen Ausgangspunkt mit der Definition und Partitionierung des gewünschten elektronischen Systems. Unter **Systemdefinition** verstehen wir die Entscheidung darüber, was das System alles können soll, unter welchen Bedingungen es funktionieren muß und welcher Nutzerkreis dafür zusätzlich in Frage kommt.

Die **Systempartitionierung** ist die Aufteilung des Systems in Funktionseinheiten, die dann jeweils auf einem Halbleiterchip realisiert werden. Der **Systementwurf** (s. auch Abschnitt 3.6.) besteht in der Entwicklung eines Algorithmus zur Erreichung der geforderten Datenverarbeitungsvorgänge und der Realisierung desselben mit einer vorgegebenen Auswahl von Funktionsgruppen (s. Abschnitt 3.3., Systemarchitektur).

Der **Schaltungsentwurf** umfaßt die Erarbeitung der Transistorschaltungen für die Funktionsgruppen und deren Dimensionierung. Schließlich müssen die Transistorschaltungen in geometrische Figuren für die technologische Strukturierung des Halbleiterchips umgewandelt werden. Dies nennt man Layoutentwurf (s. Abschnitt 3.5.). Dazu werden vom Halbleiterhersteller an

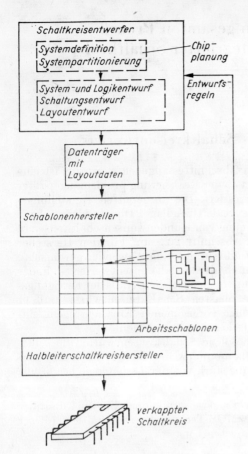

Bild 8. Die 3 Hauptarbeitsgebiete bei der
Realisierung integrierter Schaltkreise

den Entwerfer **Entwurfsregeln** übergeben. Als Ergebnis dieses Entwurfsprozesses liegen die geometrischen Layoutdaten zur Strukturierung der
Halbleiteroberfläche in einer symbolischen Layoutsprache auf einem Datenträger (z. B. Magnetband, Lochstreifen) fest.

Dieser Datenträger wird einer Spezialfirma zur Anfertigung der **Arbeitsschablonen** für die Herstellung (Fotolithografie) des Schaltkreises übergeben
(s. Abschnitt 2.3.).

Die Schnittstelleninformationen sind also gemäß Bild 8 zwischen den 3 Institutionen:

— die Entwurfsregeln (Halbleiterhersteller → Entwerfer)
— die Layoutdaten (Entwerfer → Schablonenhersteller)
— die Arbeitsschablonen (Schablonenhersteller → Halbleiterhersteller) (bei
   den Verfahren des Elektronenstrahldirektbelichtens gemäß Abschnitt
   2.3.3.2. entfällt die Rolle des Schablonenherstellers).

Alle Prozesse des Entwurfs erfolgen rechnerunterstützt bzw. teilautomatisch.

2.2. Das Arbeitsgebiet des Schaltkreisherstellers (Basistechnologien)

Obwohl, wie bereits gesagt, der Entwurfsingenieur die Einzelheiten der Technologie zur Herstellung eines Schaltkreises nicht unbedingt kennen muß, muß er aber über die prinzipiellen Möglichkeiten der Basistechnologien und über deren elektrische Parameter informiert sein. In der Entwicklungsgeschichte der Mikroelektronik sind seit 1960 eine große Anzahl von Basistechnologien entwickelt worden. Unter einer Basistechnologie versteht man einen Prozeß zur Herstellung einer bestimmten Schichtenfolge im und auf dem Halbleiter (bestehend aus verschieden dotierten Gebieten, aus Isolierschichten, aus Verbindungsleitungen, aus Kontakten, aus Gates u. a.), so daß damit elektronische Halbleiterbauelemente (vorzugsweise Transistoren, aber auch Widerstände und Kapazitäten) entstehen. Die Art und Reihenfolge der Schichten und die dafür einzustellenden Prozeßparameter (z. B. Verdampfungs- und Abscheiderate, Substrattemperatur usw. beim Bedampfen) unterscheiden die Basistechnologien [3]. Die beiden grundsätzlichen Basistechnologien sind die Bipolartechnik und die MOS-Technik. Wir wollen hier die wichtigsten und einfachsten Varianten dieser Prozesse vom Prinzip her beschreiben; auf Sonderraffinessen, wie sie heute für besonders fortgeschrittene Prozesse angewendet werden, soll verzichtet werden.

2.2.1. MOS-Technik

Das Ziel ist die Herstellung von MOS-Feldeffekttransistoren [2] [3]. Bei den MOS-Basistechnologien werden die **n-Kanal-Siliziumgatetechnik (N-SGT)** und die **Komplementär-MOS-Technik (CMOS)** am meisten angewendet. Im Bild 9 ist der Querschnitt einer MOS-Transistorstruktur in Standard-N-SGT

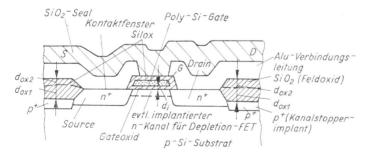

Bild 9. Querschnitt einer NMOS-Struktur in Siliziumgatetechnik

gezeigt. Die angegebene Struktur wird folgendermaßen erzeugt: Ausgangsmaterial ist ein p-leitendes Siliziumplättchen (Substrat, spezifischer Widerstand einige $\Omega \cdot cm$). An den Stellen, wo später k e i n Transistor realisiert werden soll, erfolgen die sogenannte Feldoxydation und Kanalstopperimplantation. Die Feldoxydation ist eine thermische Oxydation des Siliziums. Es entstehen dabei Oxiddicken von $d_{ox1} = 1 \dots 2\ \mu m$. Die Kanalstopperimplantation wird durch Einschießen von Ionen eines 3wertigen Atoms vollzogen. Die Ionen wirken als Akzeptoren und bilden damit eine stark p-leitende Schicht (im Bild 9 durch p^+ gekennzeichnet). Als Dotierungsmaterial wird meist Bor (B) verwendet. SiO_2 und p^+ bilden gewissermaßen die notwendige Barriere zwischen den Transistorgebieten und verhindern so unerwünschte Wechselwirkungen (parasitäre Kanäle; warum das so ist, folgt aus der inneren Elektronik des MOS-Feldeffekttransistors, s. dazu [3]).

An der Stelle, wo später der Transistor entstehen soll, wird nun eine dünne SiO_2-Schicht (Gateoxid, Dicke $d_i \leqq 100\,nm$) erzeugt. Das ist ein sehr wesentlicher Schritt, da das Gateoxid die Eigenschaften des MOS-Transistors bestimmt.

Im nächsten Schritt wird eine polykristalline Siliziumschicht zur Erzeugung der Gateelektrode für den MOS-Transistor (Poly-Si, Dicke $d_{Poly} \approx 0,3\ \mu m$) und zur Erzeugung von Verbindungsleitungen aufgebracht. Der Schichtwiderstand R_S (das ist der Widerstand einer quadratischen Schicht) dieser dotierten Poly-Silizium-Schicht beträgt einige $10\ \Omega$. Nun erfolgt die Dotierung der Drain- und Sourcegebiete des MOS-Feldeffekttransistors (Drain (D) und Source (S) sind die beiden Gebiete, die den Transistorkanal begrenzen, also zwischen denen das Gate (G) liegt und über die der Transistorstrom fließt. Die Dotierung wird entweder durch Eindiffusion oder durch Ionenimplantation von 5wertigen Atomen (Donatoren) [11] realisiert. Es entstehen stark leitende n-Gebiete (im Bild 9 durch n^+ gekennzeichnet). Als Dotierungsmaterial wird Phosphor (P) oder seltener Arsen (As) verwendet. Da das dicke Feldoxid und die Poly-Silizium-Schichten mit darunterliegendem Gateoxid das Eindringen der Donatoratome verhindern, erfolgt die n-Dotierung (Erzeugung von n^+-Gebieten) nur an den unbedeckten Stellen (s. Bild 9). Dadurch wird praktisch eine Selbstjustierung der Drain- und Sourcegebiete erreicht.

Zur Erläuterung des **Funktionsprinzips** der im Bild 9 dargestellten realen Transistorstruktur ist im Bild 10 eine vereinfachte, stilisierte Querschnittsstruktur des MOS-Feldeffekttransistors dargestellt. Zwischen den beiden hochdotierten n^+-Elektroden (Source $\triangleq S$ und Drain $\triangleq D$) wird eine Spannung U_{DS} angelegt. Es fließt aber zunächst kein Strom, da zwischen den n^+-Kontakten ein p-Gebiet ist. Erst dann, wenn an die Gateelektrode eine positive Spannung U_{GS} angelegt wird, die größer als eine bestimmte Schwellspannung $U_p \approx 1\ V$ ist, werden in der Kondensatorstruktur Gate-Isolator (SiO_2)-Halbleiter-Ladungen influenziert, die an der Halbleiteroberfläche einen elektronen-

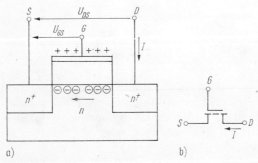

Bild 10. Funktionsprinzip des MOS-Feldeffekttransistors

leitenden (n-) Kanal zwischen Source und Drain bilden, so daß nun ein Strom fließen kann. Dieser Strom ist um so größer je größer der Leitwert des n-Kanales, d. h. je größer die Gatespannung ist. (vgl. auch Bild 28). Diesen Transistor bezeichnet man als n-Kanalenhancementtransistor. Wird durch Ionenimplantation schon von vornherein ein n-Kanal zwischen Source und Drain geschaffen, so kann dieser durch eine negative Gatespannung zum Verschwinden gebracht werden (die Elektronen werden vertrieben) oder durch eine positive Gatespannung weiter angereichert werden. Einen solchen Transistor nennt man Depletiontransistor (Schwellspannung $U_{pD} = -3$ V)[3]. Bei der CMOS-Technik (s. Bild 11) werden im Prinzip die gleichen Prozesse angewendet. Hier kommt jedoch noch ein Prozeßschritt hinzu, und zwar die Erzeugung einer p-Wanne (s. Bild 11), in der der n-Kanal-Transistor realisiert wird.

In neueren N-SGT-kompatiblen CMOS-Prozessen wird als Ausgangsmaterial ein p-leitendes Plättchen verwendet. Dann ist zur Realisierung des p-Kanal-Transistors eine n-Wanne erforderlich [10].

Im Abschnitt 2.4. wird anhand von Bild 21 noch einmal der gesamte Prozeß der Realisierung der gewünschten Schaltkreisstruktur erläutert.

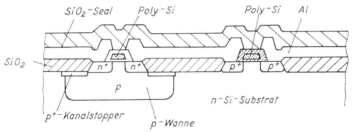

Bild 11. Querschnitt einer CMOS-Struktur in Siliziumgatetechnik

2.2.2. Bipolartechnik

Das Ziel ist die Herstellung von Bipolartransistoren. Am meisten angewendet wird auch heute noch der **SBC-Prozeß** (standard buried collector). Ein Querschnitt ist im Bild 12 gezeigt. Ausgangsmaterial ist ein p-leitendes Halbleiterplättchen (Substrat), in das an bestimmten Stellen, wo später Transistoren realisiert werden sollen, begrabene n^+-Schichten (buried layer) durch

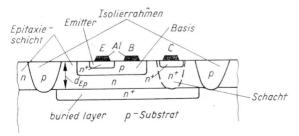

Bild 12. Querschnitt einer Bipolartransistorstruktur in SBC-Technik

Eindiffusion von Donatoren (meist Arsen (As)) eingelagert werden. Anschließend erfolgt das Aufwachsen einer einkristallinen n-leitenden Epitaxieschicht (Dicke d_{Ep} einige Mikrometer, spezifischer Widerstand $\approx 0,5\ \Omega \cdot cm$, Epitaxietechnik s. [11]).

In dieser Epitaxieschicht werden später die Bauelemente realisiert.

Im nächsten Prozeßschritt erfolgt an bestimmten Stellen eine tiefe Eindiffusion von Boratomen (Akzeptoren), wodurch p-leitende Gräben entstehen, die bis zum p-leitenden Substrat durchreichen und so einen Isolierrahmen bilden, der gewissermaßen die n-leitende Epitaxieschicht in Inseln zerlegt. Wird dafür gesorgt, daß die n-Inseln stets ein höheres Potential besitzen als das p-leitende Substrat, so sind die pn-Übergänge n-Inseln–p-Isolierrahmen bzw. n-Inseln–p-Substrat stets in Sperrichtung vorgespannt. Da Sperrströme von Silizium-pn-Übergängen sehr klein sind (im Nanoamperebereich), kann das als eine ausreichende Isolation der n-leitenden Inseln gegeneinander angesehen werden. Nun erfolgt an bestimmten Stellen die Dotierung (Diffusion oder Ionenimplantation [3] [11]) der n-leitenden Inseln mit 3wertigen Atomen (Akzeptoren, meist wird Bor (B) verwendet). Dadurch entstehen p-leitende Schichten (Schichtwiderstand R_{SBa} einige 100 Ω). Diese p-leitenden Schichten bilden die Basis von npn-Planartransistoren bzw. Widerstandsschichten (Bild 12). Sie können auch als Emitter (Injektor) bzw. Kollektor von pnp-Lateraltransistoren und als Emitter von pnp-Substrattransistoren verwendet werden [3]. Da die letztgenannten Transistorkonstruktionen vorzugsweise in der integrierten Analogtechnik eingesetzt werden, wollen wir hier nicht näher darauf eingehen (Näheres dazu s. [3]).

Im nächsten Prozeßschritt erfolgt die Dotierung (Diffusion oder Ionenimplantation) mit 5wertigen Atomen (Donatoren, meist wird Phosphor (P) oder Arsen (As) verwendet). Dabei entstehen niederohmige n^+-Gebiete (hochdotiert, daher im Bild 12 mit n^+ gekennzeichnet, Schichtwiderstand R_{SE} einige Ω), die als Emitter der npn-Planartransistoren und als Kontaktgebiete für die Kollektoren dienen. Bei einigen Bipolartechnologien erfolgt eine tiefe n^+-Schachtdiffusion, um einen niederohmigen Kontakt zur n^+-Buried-layer herzustellen (s. Bild 12).

Zur Erläuterung des Funktionsprinzips der im Bild 12 gezeigten realen Bipolartransistorstruktur ist im Bild 13 eine vereinfachte, stilisierte Querschnittsstruktur dargestellt. Von einer positiven Basis-Emitter-Spannung U_{BE} werden Elektronen vom n^+-Emitter in die Basis injiziert, die zum großen Teil den Kollektor erreichen und so den Kollektorstrom als Ausgangsstrom

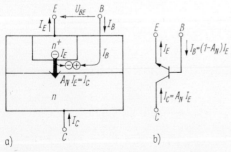

a)   b)

Bild 13. Funktionsprinzip des Bipolartransistors

bilden

$$I_C = A_N\, I_E$$

(A_N Stromverstärkungsfaktor $\lesssim 1$).
Nur ein kleiner Teil geht in der Basis durch sogenannte Rekombination verloren und bildet den viel kleineren Basisstrom

$$I_B = (1 - A_N)\, I_E\,.$$

Wird der kleine Basisstrom als Steuerstrom und der viel größere Kollektorstrom als gesteuerter Strom verwendet, so läßt sich eine hohe Stromverstärkung $B_N = A_N/(1 - A_N) \gg 1$ erzielen. Dies nutzt man bei der Verwendung als Verstärker- bzw. Schalterelement [3], s. auch Bild 39.
Eine modernere Variante der Bipolartechnik ist der ISOPLANAR-Prozeß (s. Bild 14). Er ermöglicht die Herstellung von Bipolarbauelementen mit besseren elektrischen Eigenschaften, ist jedoch in der Prozeßführung schwieriger und teurer.

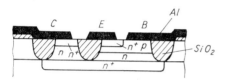

Bild 14. Querschnitt einer Bipolartransistorstruktur in ISOPLANAR-Technik

Der wesentliche Unterschied zum Standardprozeß ist durch Vergleich der Bilder 12 und 14 zu ermitteln. Anstelle der p-dotierten Isolationsrahmen werden beim ISOPLANAR-Prozeß tiefe (1 ... 2 µm) mit SiO_2 ausgefüllte Isolationsgräben verwendet. Das gewährleistet vor allem eine bessere Isolation der Bauelemente untereinander und kleinere parasitäre Elemente [3].
Abschließend soll noch erwähnt werden, daß für bestimmte Schaltungstechniken (z. B. Schottky-TTL, s. Abschnitt 4.) der Basis-Kollektor-Über-

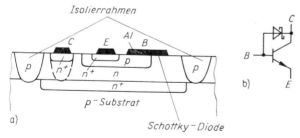

Bild 15. Querschnitt einer Bipolartransistorstruktur mit Schottky-Klammerdiode

gang mit einer **Schottky-Diode** überbrückt wird (s. Bild 15b). Da sich Schottky-Dioden (das sind gleichrichtende Metall-Halbleiter-Übergänge) stets zwischen Aluminium und schwach dotiertem n-Silizium bilden, kann eine solche Diode durch einfache Modifikation der Struktur im Bild 12 erzeugt werden (s. Bild 15). Man läßt beim Kollektorgebiet einfach die unterliegende n^+-Schicht weg (diese wurde nämlich in der Struktur von Bild 12 eigens zur Verhinderung von Schottky-Dioden vorgesehen) und überbrückt Basis und Kollektor mit Aluminium. Das Aluminium bildet mit der p-Basis einen

niederohmigen (ohmschen), mit dem n-Kollektor einen Schottky-Kontakt (s. Bild 15).
Die Darstellung der verschiedenen Basistechnologien zeigt damit, daß die Tätigkeit des Halbleiterherstellers in der Realisierung verschiedenartiger und komplizierter physikalisch-chemischer Prozesse besteht.

2.3. Das Arbeitsgebiet des Schablonenherstellers und Lithografie

2.3.1. Allgemeines

Im Abschnitt 2.2. haben wir gesehen, daß zur Herstellung von elektronischen Halbleiterbauelementen in integrierten Schaltkreisen verschiedene Strukturierungen von dotierten Halbleiterschichten, von Isolierschichten und von leitenden Verbindungsschichten notwendig sind. Für die **selektiven Strukturierungen** werden **Masken** benötigt, die mit Hilfe der Fotolithografie erzeugt werden. Das geschieht wie folgt: Die Halbleiterscheibe (Wafer) wird mit einer SiO_2- und/oder Si_3N_4-Schicht überzogen, und darauf wird ein Fotoresistlack aufgebracht (Bild 16a). Der Fotoresistlack besteht z. B. aus einer organischen Verbindung mit langen Molekülketten, die durch Strahlung (UV-Strahlen, Röntgenstrahlen, Elektronenstrahlen) aufgebrochen werden können (Zerlegung in kleinere Molekülgruppen) und dann leicht abwaschbar sind. Zur Strukturierung des Fotolackes wird er mit einer **Fotoschablone (Arbeitsschablone)** abgedeckt, die Schwärzungen an den Stellen enthält, wo

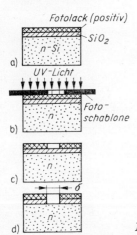

Bild 16. Ablauf des Standard-Fotolithografieprozesses

später der **Fotolack** stehenbleiben soll (bei Positivfotolack, bei Negativfotolack ist es gerade umgekehrt).
In den bestrahlten Gebieten des Fotolackes (s. Bild 16b) erfolgt die bereits genannte Strukturveränderung. Beim Entwickeln werden dann diese Gebiete abgewaschen, und es entstehen Öffnungen im Fotolack (s. Bild 16c). Wird nun im weiteren ein Ätzmittel eingesetzt, das nicht den Fotolack, jedoch das SiO_2 angreift, so entsteht die SiO_2-Maske. Das heißt, die SiO_2-Schicht wird

an den Stellen entfernt, wo sie nicht vom Fotolack abgedeckt ist. An diesen Stellen ist nun die Siliziumoberfläche freigelegt (Bild 16d), so daß z. B. örtlich begrenzte Dotierungen entsprechend den Bildern 9 bis 13 erfolgen können.

Die Maskierung der einzelnen Schichten erfolgt ebenfalls beim Halbleiterhersteller und muß für nahezu jeden Prozeßschritt der im Abschnitt 2.2. beschriebenen Basistechnologien angewendet werden (s. auch Bild 20). Man unterscheidet je nach der Art der zur Belichtung des Fotolackes verwendeten Strahlen:

— lichtoptische Verfahren
— elektronenoptische Verfahren
— Röntgenstrahlverfahren.

2.3.2. Lichtoptische Verfahren

Die Belichtung erfolgt hier mit UV-Licht im Wellenlängenbereich von $\lambda = 200 \ldots 450$ nm. Es sind damit kleinste Strukturgrößen von $\delta = 1 \ldots 3$ µm möglich (im Extremfall konnte $\delta = 0,25$ µm erzielt werden [4]). Je kleiner die Wellenlänge ist, je geringer sind die Beugungen, und desto kleinere Strukturgrößen lassen sich erreichen. Werden die **Arbeitsschablonen** direkt auf die Fotolackschicht aufgelegt, so spricht man von **Kontakt- bzw. Hartkontaktlithografie.** Sie hat aber den Nachteil, daß die Schablonen beim Justieren (Verschieben der Schablonen gegenüber der Halbleiterscheibe) beschädigt werden. Solche Schablonen können daher nur etwa 10mal verwendet werden.

Hier hilft die **Abstandsbelichtung** (proximity lithography). Bei diesem Verfahren werden die Schablonen im Abstand von $10 \ldots 30$ µm von der Lackschicht gehalten. Jedoch erhöhen sich infolge der Streuung nun die Maßabweichungen.

Die Vorteile der hohen Abbildungsschärfe und der gleichzeitigen maximalen Schonung der Schablonen vereint die **Projektionslithografie.** Hier werden die Schablonenbilder mit Hilfe einer hochauflösenden Optik auf die Lackschicht abgebildet. Dabei können sowohl eine 1 : 1- als auch eine verkleinerte Abbildung erfolgen. In der Regel findet eine sogenannte **Ganzscheibenbelichtung** statt. Dazu sind Arbeitsschablonen erforderlich, die mindestens so groß wie die Halbleiterscheibe sind (Dmr. 75 ... 150 mm) und demzufolge die Bilder für einen Schaltkreis mehrfach enthalten (Bild 17). (Ein Schaltkreischip hat nur Kantenlängen von einigen Millimetern.) Die Herstellung solcher Schablonen wird im Abschnitt 2.3.5. behandelt.

Für Schaltkreise mit minimalen Strukturgrößen von $\delta < 2$ µm ist die Ganzscheibenbelichtung jedoch zu ungenau, da allein durch thermische Ausdehnung und dadurch bedingte Verwerfungen bei den Hochtemperaturprozessen sowie durch Fehler in der Optik eine einzige Justierung für die gesamte Scheibe, also für Hunderte von Chips, nicht mehr ausreicht. Die einzelnen Schablonen für die verschiedenen Prozeßschritte müssen gegeneinander mit $\Delta\delta \approx 0,1\,\delta$ justiert werden. Das ist bei der Ganzscheibenbelichtung nicht gewährleistet; die Abbildungsgenauigkeiten in der Mitte und am Rang der Scheibe können sehr unterschiedlich sein.

Aus diesem Grunde ermöglichen moderne Projektionsbelichtungsgeräte eine **Step-and-repeat-Belichtung** (Waferstepper) für jeden Schritt. Das bedeutet, jedes Schaltkreischip wird einzeln belichtet (Schritt für Schritt) und auch einzeln justiert. Für die lichtoptischen Verfahren werden als Schablonenmaterial geschwärzte Fotoplatten (Bild 17) oder Folien eingesetzt. Für Positiv-Fotolacke werden z. B. AZ 1350, AZ 2400 bzw. für kleinste Strukturen PMMA verwendet (PMMA $\triangleq$ Polymethylmethacrylate).

Bild 17. Foto einer Arbeits-schablone

2.3.3. Elektronenoptische Verfahren

Hier erfolgt der Beschuß des Fotoresistlackes (meist PMMA, s. o.) mit Elektronenstrahlen.

2.3.3.1. Projizierende Verfahren

Hier erfolgt wie bei UV-Licht die Bildübertragung von einer Schablone mit Hilfe eines großflächigen Elektronenstrahls.

2.3.3.2. Schreibende Verfahren (scanning)

Diese Verfahren kommen ohne Schablonen aus. Der Elektronenstrahl wird computergesteuert über den Fotoresistlack geführt und belichtet ihn an den vorgesehenen Stellen (Scanning-Elektronenstrahlbelichtung). Als Strahlquerschnitt kann eine sogenannte Gaußsche Sonde kleinen Durchmessers (z. B. Dmr. $= 1/4 \, \delta \ldots 1/8 \, \delta$) oder auch ein Formstrahl (Quadrat, Rechteck mit variablen Seitenlängen oder auch andere Figuren) verwendet werden.
Je nach der Führung des Elektronenstrahls unterscheidet man Raster- und Vektorscan.
Beim **Rasterscan** wird der Elektronenstrahl wie bei der Fernsehbildröhre über das gesamte Gebiet geführt und an den Stellen, wo keine Belichtung erfolgen soll, durch einen Deflektor computergesteuert ausgeblendet.
Beim **Vektorscan** wird der Strahl nur an die Stellen geführt, die wirklich belichtet werden sollen [4].

2.3.4. Röntgenstrahllithografie

Es werden Röntgenstrahlen mit einer Wellenlänge von $\lambda = 0,5 \ldots 1\,\text{nm}$ verwendet. Damit können weitgehend fehlerfreie Abbildungen erzielt werden. Ansonsten gilt das gleiche wie für die lichtoptische Projektionslithografie (s. Abschnitt 2.3.2.).

2.3.5. Herstellung der Arbeitsschablonen

Die nach einem bestimmten Kode auf einem Speichermedium (z. B. Magnetband) vom Schaltkreisentwerfer abgespeicherten Layoutdaten werden dem Schablonenhersteller übergeben (s. Bild 8) und dienen dort zur Steuerung eines Patterngenerators (PG). Der **Patterngenerator** ist eine Maschine, die computergesteuert ein Recticle (10fache Vergrößerung des Chipbildes) erzeugt, indem eine schrittweise Belichtung durch Öffnungen (Aperturen) variabler Größe erfolgt. (Das Gesamtbild wird also gewissermaßen aus einzelnen Beleuchtungsfiguren zusammengesetzt, s. dazu Bild 18).

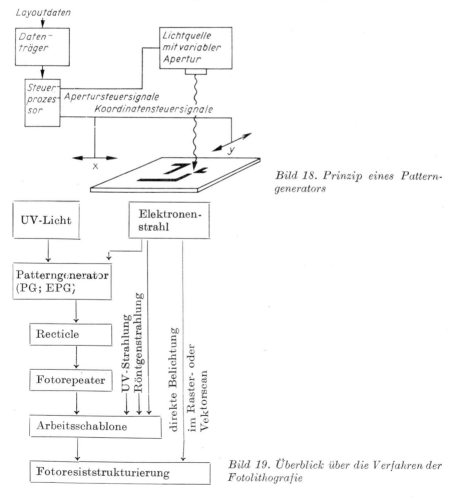

Bild 18. Prinzip eines Patterngenerators

Bild 19. Überblick über die Verfahren der Fotolithografie

Die Belichtung des Recticles kann auch mit dem Elektronenstrahl im Rasterscan- oder Vektorscanverfahren (s. Abschnitt 2.3.3.2.) erfolgen. Dann spricht man von einem Elektronenstrahlpatterngenerator (EPG). Beim EPG entsteht das Recticle i. allg. gleich in der Originalgröße (nicht vergrößert).

Mit einem **Fotorepeater** werden die belichteten Objekte auf dem Recticle auf einer **Meisterschablone** (master mask) so oft in Originalgröße abgebildet, wie später auf einer Halbleiterscheibe (Wafer) einzelne Schaltkreischips realisiert werden können. (Das hängt von der Größe der Halbleiterscheibe und von den Chipabmessungen ab.) Diese Meister- oder Originalschablonen werden dann 1:1 kopiert, wodurch die **Arbeitsschablonen** für den Halbleiterhersteller entstehen (s. Bild 17).

Außerdem wird dem Entwurfsingenieur eine vergrößerte Schablone (blow up) zur visuellen Kontrolle übergeben.

Wird die Elektronenoptik direkt zur Belichtung des Fotolackes verwendet (s. Abschnitt 2.3.3.2.), so entfällt die Funktion des Patterngenerators zur Erzeugung der Recticles.

Im Bild 19 sind nochmals die Verfahren zur Strukturierung der Halbleiteroberfläche mit Hilfe der Fotolithografie zusammengefaßt.

2.4. Gesamtüberblick über den Werdegang eines integrierten Schaltkreises

In diesem Abschnitt wollen wir das bisher Behandelte noch einmal anhand des Bildes 20 zusammenfassen und damit den gesamten Werdegang eines integrierten Schaltkreises sichtbar machen.

Nach dem Schaltkreisentwurf und der Schablonenherstellung erfolgt die Präparation der Halbleiterscheibe mit den durch den Entwurf festgelegten Strukturelementen in den verschiedenen Schablonenebenen. Dazu wird nach der Oxydation und der Lackbeschichtung der Fotoresistlack mit Elektronen- oder Röntgenstrahlen bzw. mit UV-Licht behandelt (s. Abschnitt 2.3.). Daran schließen sich die Entwicklung des Fotolackes und das Ätzen der zu strukturierenden Schicht an. Anschließend wird der jeweilige Prozeßschritt (Diffusion, Ionenimplantation, Poly-Silizium-Abscheidung u. a.) entsprechend der Basistechnologie durchgeführt (s. Abschnitt 2.2.). Schließlich beginnt das Ganze in der nächsten Schablonenebene mit Oxydation und Fotoresistbeschichtung von neuem. Diese Schleife gemäß Bild 20 muß mindestens so oft durchlaufen werden, wie es Schablonenebenen gibt. Am Ende dieser Arbeitsgänge liegt die fertig präparierte Scheibe (Wafer) vor (Dmr. 75 bis 150 mm). Auf ihr sind die Strukturen für den Einzelschaltkreis (Chip) mehrere 100mal realisiert. Diesen Prozeß der Scheiben-(Wafer-)Fertigung bezeichnet man als **Zyklus 1**. Im anschließenden **Zyklus 2** werden die einzelnen Chips der Scheibe getestet. Dies erfolgt mit einem computergesteuerten Vielfachsondentester (Bild 21). Dabei werden die Sonden automatisch auf die am Rand jedes Chips befindlichen Bondinseln aufgesetzt. Sie stellen den Kontakt zu einem Testrechner her, der nach einem bestimmten Programm die Funktion des Schaltkreischips prüft. Diese Testung erfolgt Chip für Chip. Defekte Schaltkreischips werden durch einen Tintenklecks (ink point) gekennzeichnet. Nach dem Testen folgen das Zerschneiden des Wafers in einzelne Chips und das Verkappen der guten Chips in Plast- oder Keramikgehäuse.

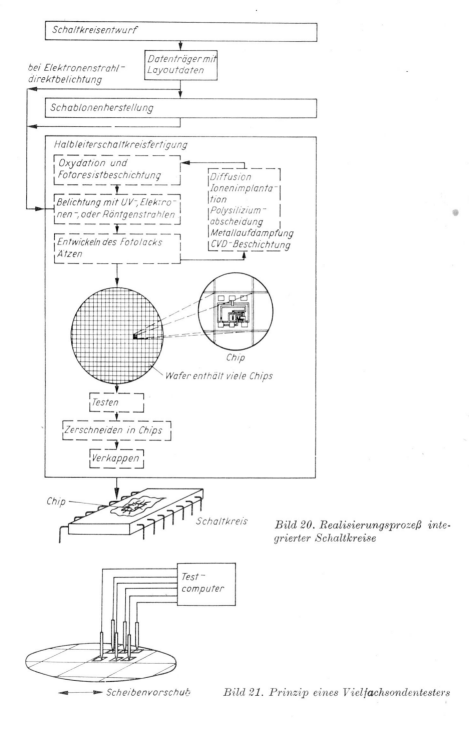

Bild 20. Realisierungsprozeß integrierter Schaltkreise

Bild 21. Prinzip eines Vielfachsondentesters

3. Die Technik des Entwurfs integrierter Schaltkreise

3.1. Überblick über den Entwurfsgang

Im Bild 22 ist in Erweiterung zum Bild 8 ein Überblick über die Etappen des Schaltkreisentwurfs gegeben. Nach der Systemdefinition und -partitionierung erfolgen der **Systementwurf** mit Hilfe von Funktionsblöcken (s. Abschnitt 3.6.) und u. U. eine Systemsimulation auf Registerebene[1]. Danach werden **Logik- und Schaltungsentwurf** vorgenommen (s. Abschnitt 3.2.). In dieser Etappe wird der Aufbau der Funktionsblöcke aus Logikgattern, die schließlich als Transistorschaltungen realisiert werden, vorgenommen. Die ordnungsgemäße Funktion der Logik- bzw. der Transistorschaltungen wird mit Logik- bzw. Netzwerksimulationsprogrammen ([22] [23] [29] [39]) überprüft (s. auch Abschnitt 3.7.).
Schließlich muß das Ganze in geometrische Figuren für die einzelnen Funktionsgebiete entsprechend der verwendeten Basistechnologie (s. Abschnitt 2.2.) umgesetzt werden, z. B. in Kontaktfenster, in Verbindungsleitungen, in Drain-, Source-, Emitter- und Basisgebiete u. a. m. (s. Bilder 9 bis 13). Das geschieht beim sogenannten **Layoutentwurf** (s. Abschnitt 3.5.) Unter dem Layoutentwurf versteht man die Anfertigung einer vergrößerten Zeichnung mit den geometrischen Figuren aller Strukturelemente in den verschiedenen Schablonenebenen (s. Abschnitt 2.3.). Er erfolgt meist im Maßstab 1000:1 (1 mm auf der Zeichnung $\triangleq$ 1 µm auf dem Halbleiterchip).

3.2. Logik- und Schaltungsentwurf

Die „Kunst" des Schaltkreisentwurfs (art work) beruht vor allem zum einen auf dem Systementwurf und zum anderen auf dem Logik- und Schaltungsentwurf.
In diesem Abschnitt werden wir die Grundlagen des digitalen Logik- und Schaltungsentwurfs integrierter Schaltkreise, vorzugsweise in MOS-Technik behandeln.
Zunächst sind dazu einige Grundlagen der Digitaltechnik zusammenfassend zu wiederholen.

3.2.1. Grundlagen der Digitaltechnik

In der Digitaltechnik erfolgt die Darstellung der Signale in diskreten Stufen. Bei der binären Digitaltechnik gibt es nur zwei Stufen, nämlich Ø (Ø $\triangleq$ Null im Unterschied zu O wie Otto) und 1. Da zwei Stufen sehr gut unterschieden

---

[1] Es werden z. B. bei Abarbeitung eines Befehls die Richtigkeit der Registertransfers und der Registerinhalt geprüft, ohne die Logikoperationen im einzelnen verfolgen zu müssen.

26

werden können (z. B. in der Elektrotechnik durch „Schalter ein" $\triangleq 1$ und durch „Schalter aus" $\triangleq \emptyset$), sind digitale Systeme mit nur zweiwertigen Signalen besonders einfach und störsicher realisierbar. Das ist auch der Grund dafür, daß die binären digitalen Systeme die größte technische Bedeutung erlangt haben. Mehr noch: Wenn man heute von einem digitalen System, z. B. einem Digitalrechner spricht, dann meint man stets ein binäres digitales System. Alle folgenden Überlegungen zum digitalen Schaltungsentwurf beziehen sich also auch ausschließlich auf digitale Schaltungen, die Signale mit den zwei Zuständen $\emptyset$ und 1 verarbeiten können. Das kommt auch dem Lernenden entgegen, da er allein mit logischem Denken und einigen wenigen „Spielregeln", die wir im folgenden behandeln werden, mit den Einsen und Nullen sehr bald umzugehen verstehen wird.

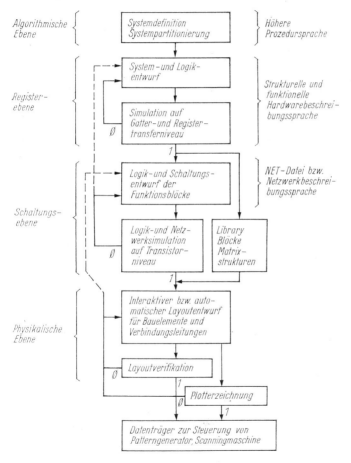

Bild 22. Ablauf des Entwurfsprozesses für Schaltkreise

3.2.1.1. Informationsdarstellung in der binären Digitaltechnik

Die digitalen Informationen werden als Wörter, bestehend aus Nullen und Einsen, dargestellt, z. B. 1101 0011. Ein solches Wort kann N Stellen umfassen. Eine Stelle wird Bit genannt, ein Bit kann also den Wert 0 oder 1 annehmen. Wörter mit $N=8$ bit werden Byte genannt. Allgemein lassen sich mit N bit 2^N verschiedene Folgen von Einsen und Nullen realisieren.

Beispiel:

Für $N=3$ Stellen (3 bit) sind $2^3=8$ verschiedene Binärwörter möglich: 000, 001, 010, 011, 100, 101, 110, 111. Oft wird ein Byte (8stelliges Binärwort) in 2 Tetraden zerlegt. Solche Tetraden werden dann als Kodewörter für Ziffern oder Buchstaben verwendet. Im Laufe der Entwicklung haben sich verschiedene tetradische Kodes entwickelt. Sie sind in Tafel 1 angegeben:

Tafel 1.

Binärwort (Tetrade) $D\ C\ B\ A$	BCD-Kode	Hexadezimal-Kode	Aiken-Kode	Gray-Kode	3-Excess-Kode
0 0 0 0	0	0	0	0	x
0 0 0 1	1	1	1	1	x
0 0 1 0	2	2	2	3	x
0 0 1 1	3	3	3	2	0
0 1 0 0	4	4	4	7	1
0 1 0 1	5	5	x	6	2
0 1 1 0	6	6	x	4	3
0 1 1 1	7	7	x	5	4
1 0 0 0	8	8	x	x	5
1 0 0 1	9	9	x	x	6
1 0 1 0	x	A	x	12	7
1 0 1 1	x	B	5	x	8
1 1 0 0	x	C	6	8	9
1 1 0 1	x	D	7	9	x
1 1 1 0	x	E	8	11	x
1 1 1 1	x	F	9	10	x

($x \triangleq$ Pseudotetraden)

In Mikrocomputern werden oft Bytes im Hexadezimalkode geschrieben.

Beispiel:

$$1101\ 0011 = D3_H. \qquad (1)$$

Das nach unten gestellte H soll anzeigen, daß der Hexkode gemäß Tafel 1 verwendet wurde.

Binärwörter aus Einsen und Nullen können verschiedene Informationen verschlüsselt enthalten:

Zum Beispiel gibt es für das Byte $1101\ 0011 = D3_H$ folgende Bedeutungen:

— Als Befehl des Mikroprozessorschaltkreises **Z 80** (s. Abschnitt 4.) bedeutet es „Gebe den Inhalt des Akkumulatorregisters aus".

— Als Binärzahl bedeutet es

$$1101\ 0011 = 1 \cdot 2^7 + 1 \cdot 2^6 + 0 \cdot 2^5 + 1 \cdot 2^4 + 0 \cdot 2^3 + 0 \cdot 2^2 + 1 \cdot 2^1 + 1 \cdot 2^0 = 211. \quad (3)$$

Aber auch Töne und andere Informationen können mit Hilfe solcher Binärwörter verschlüsselt dargestellt werden.

3.2.1.2. Grundzüge der Schaltalgebra

Mit den zweiwertigen Signalgrößen der binären Digitaltechnik können auch Rechen- und Verknüpfungsoperationen ausgeführt werden, wobei das Ergebnis auch wieder zweiwertig, also 0 oder 1, ist. In diesem Abschnitt werden wir zunächst die Verknüpfungsoperationen und die entsprechenden einfachen Verknüpfungsregeln kennenlernen. Im weiteren wird gezeigt, wie diese Verknüpfungsoperationen durch einfache Netzwerke mit Schaltern technisch realisiert werden können. Im nächsten Abschnitt werden dann die Rechenregeln (Arithmetik) mit binären Größen behandelt.

Die einfachste Verknüpfungsoperation ist die **NEGATION**. Sie wird wie folgt geschrieben

$$f = \bar{a} \quad (4)$$

und bedeutet, daß das Ergebnis f (Schaltfunktion) immer das entgegengesetzte von a ist, also ist $a = 0$, so ist $f = 1$, und ist $a = 1$, so ist $f = 0$.

Eine doppelte NEGATION hebt sich selbst auf:

$$\bar{\bar{a}} = a. \quad (5)$$

Weiterhin gibt es die **ODER-(OR-)**Verknüpfung:

$$f = a \lor b. \quad (6)$$

Sie ist eine Verknüpfung von z w e i binären Signalgrößen a und b. Als Verknüpfungszeichen verwenden wir $\lor$. Diese Verknüpfung ist der arithmetischen Addition ähnlich. Im Unterschied dazu darf das Ergebnis jedoch nie größer als 1 sein. Das zeigen die folgenden Rechenregeln:

$$0 \lor 0 = 0 \quad (7)$$

(Nichts oder Nichts ergibt Nichts),

$$0 \lor 1 = 1 \quad (8)$$

(Nichts oder Etwas ergibt Etwas),

$$1 \lor 1 = 1 \quad (9)$$

(Etwas oder Etwas ergibt Etwas (und nicht wie bei der Arithmetik zweimal Etwas)).

Eine weitere Verknüpfungsoperation ist die **UND-(AND-)**Verknüpfung. Sie wird wie folgt geschrieben:

$$f = a \cdot b. \quad (10)$$

Sie ist ebenfalls eine Verknüpfung von zwei binären Signalgrößen a und b. Als Verknüpfungszeichen verwenden wir den Malpunkt, den wir auch wie bei der arithmetischen Operation weglassen können. Diese Verknüpfung vollzieht sich wie die arithmetische Multiplikation. Die folgenden Rechenregeln zeigen das:

$$\emptyset \cdot \emptyset = \emptyset \tag{11}$$

(Nichts und Nichts ist Nichts),

$$1 \cdot \emptyset = \emptyset \tag{12}$$

(Etwas und Nichts ist Nichts),

$$1 \cdot 1 = 1 \tag{13}$$

(Etwas und Etwas ist Etwas).

Man sieht, daß die Verknüpfungen im Sinne des logischen (und nicht des arithmetischen) UND bzw. ODER aufgefaßt werden müssen. Man bezeichnet sie deshalb als *logische Verknüpfungen*. Die UND- bzw. ODER-Verknüpfungen lassen sich durch einfache Netzwerke mit Schaltern technisch umsetzen. So kann die ODER-Verknüpfung durch eine Parallelschaltung zweier Schalter in einem Stromkreis (Bild 23) und die UND-Verknüpfung durch die Reihenschaltung zweier Schalter in einem Stromkreis (Bild 24) realisiert

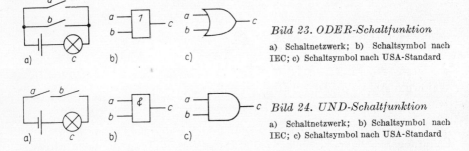

Bild 23. *ODER-Schaltfunktion*

a) Schaltnetzwerk; b) Schaltsymbol nach IEC; c) Schaltsymbol nach USA-Standard

Bild 24. *UND-Schaltfunktion*

a) Schaltnetzwerk; b) Schaltsymbol nach IEC; c) Schaltsymbol nach USA-Standard

werden. Dazu vereinbaren wir folgenden Sachverhalt: Sind die Signalgrößen $a, b = \emptyset$, so soll der jeweilige Schalter geöffnet sein, sind die Signalgrößen $a, b = 1$, so soll der jeweilige Schalter geschlossen sein. Außerdem soll Stromfluß im Stromkreis (Lampe brennt) der Schaltfunktion $f = 1$ entsprechen und kein Stromfluß im Kreis (Lampe brennt nicht) der Schaltfunktion $f = \emptyset$ entsprechen. Mit diesen Vereinbarungen lassen sich mit Hilfe der Bilder 23 und 24 die elektrisch realisierten Schaltfunktionen ODER und UND verstehen: Bei der ODER-Schaltung (Bild 23) fließt dann im Stromkreis ein Strom ($f = 1$), wenn Schalter a oder Schalter b eingeschaltet ist, d. h., wenn a oder $b = 1$ ist. Nur wenn beide Schalter aus sind ($a, b = \emptyset$), fließt kein Strom ($f = \emptyset$, s. auch (7)). Bei der UND-Schaltung (Bild 24) fließt dann ein Strom, wenn Schalter a und Schalter b eingeschaltet sind. Damit $f = 1$ wird, müssen also sowohl a als auch b den Wert 1 haben (s. dazu auch (13)). Für die ODER- und UND-Verknüpfung folgen aus diesen Überlegungen weitere allgemeine Regeln:

Für die ODER-Verknüpfung:

$$a \lor \emptyset = a \tag{14}$$

$$a \vee 1 = 1 \tag{15}$$
$$a \vee a = a \tag{16}$$
$$a \vee \bar{a} = 1 , \tag{17}$$

und für die UND-Verknüpfung

$$a \cdot 1 = a \tag{18}$$
$$a \cdot \emptyset = \emptyset \tag{19}$$
$$a \cdot a = a \tag{20}$$
$$a \cdot \bar{a} = \emptyset . \tag{21}$$

● Es sei dem Leser empfohlen, die Richtigkeit dieser Beziehungen durch Einsetzen von Nullen und Einsen für a zu bestätigen.

Außer den grundlegenden Verknüpfungen NEGATION, UND, ODER gibt es nun noch 3 weitere, die durch Kombination der 3 Grundverknüpfungen gewonnen werden.

NICHT-ODER-(NOR-) Verknüpfung:

$$f = \overline{a \vee b} . \tag{22}$$

Sie wird ausgeführt, indem zunächst a und b durch ODER verknüpft werden und anschließend das Ergebnis negiert wird.

NICHT-UND-(NAND) Verknüpfung:

$$f = \overline{a \cdot b} . \tag{23}$$

Sie wird ausgeführt, indem zunächst a und b durch UND verknüpft werden und anschließend das Ergebnis negiert wird.

● Es sei dem Leser empfohlen, in Analogie zu (7) bis (9) die NOR-Verknüpfungen und in Analogie zu (11) bis (13) die NAND-Verknüpfungen von Einsen und Nullen auszuführen und mit den Ergebnissen der OR- bzw. AND-Verknüpfung zu vergleichen.

EXCLUSIV-ODER-(XOR-) Verknüpfung (s. Bild 25):

$$f = \bar{a} \cdot b \vee a \cdot \bar{b} . \tag{24}$$

● Es sei dem Leser empfohlen, nachzuweisen, daß diese Schaltfunktion nur dann den Wert $f = 1$ hat, wenn a und b zueinander verschiedene Werte aufweisen.

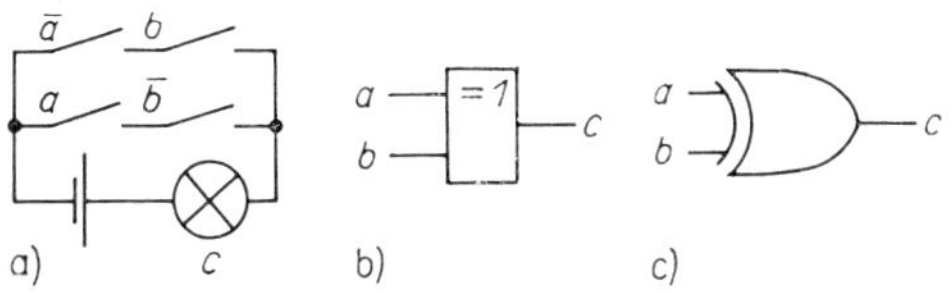

Bild 25. EXCLUSIV-ODER-Schaltfunktion

a) Schaltnetzwerk; b) Schaltsymbol nach IEC; c) Schaltsymbol nach USA-Standard

Weiterhin sind oft folgende Rechenregeln von Nutzen [8] bis [11]:

$$(a \vee b) \vee c = a \vee (b \vee c) \tag{25}$$
$$(ab)c \quad = a(bc) \tag{26}$$
$$a \vee b \quad = b \vee a \tag{27}$$
$$ab \quad = ba \tag{28}$$
$$(a \vee b)c = ac \vee bc , \tag{29}$$

und besonders wichtig

$$\overline{a \vee b} = \bar{a}\bar{b} \tag{30}$$

$$\overline{ab} = \bar{a} \vee \bar{b} . \tag{31}$$

In den Bildern 23 bis 25 sind für die Schaltfunktionen ODER (OR), UND (AND) und XOR neben dem Schaltnetzwerk noch die Logiksymbole nach IEC- bzw. USA-Norm gezeigt. Man verwendet diese Logiksymbole deshalb, um nicht immer die ausführliche Schaltung aufzeichnen zu müssen. Wir werden in den folgenden Abschnitten ebenfalls mit diesen Logiksymbolen arbeiten. In integrierten Schaltkreisen werden die Schalter der Bilder 23 bis 25 mit Transistoren realisiert (s. Abschnitt 3.2.2.).
Technisch liegt beim Entwurf digitaler Schaltungen im allgemeinen folgende Aufgabenstellung vor: Es sind eine Reihe binärer Signalgrößen a, b, ... gegeben, die innerhalb und außerhalb der Schaltung als Steuersignale oder als Dateninformationen wirken. Die gesuchte Schaltung ist so zu entwerfen, daß bei einer gegebenen Belegung der binären Signalgrößen (Eingangsgrößen) $a, b, \ldots$ mit Einsen oder Nullen eine Schaltfunktion dieser Signalgrößen den Wert 1 oder Ø erhält.
Am Anfang des Entwurfsprozesses wird zur Ermittlung dieser Schaltfunktion eine **Wahrheitstabelle** aufgestellt. In die linken Spalten werden die Belegungen der binären Signalgrößen a, b, ... eingetragen, in die rechte Spalte der dazugehörige Wert der Schaltfunktion f.

Tafel 2. Wahrheitstabelle einer Schaltfunktion (Logikfunktion) mit 4 Variablen Signalgrößen) als Beispiel

a	b	c	d	f
Ø	1	1	Ø	1
Ø	Ø	1	Ø	1
1	Ø	Ø	Ø	1
für alle weiteren Belegungen				Ø

Tafel 2 zeigt ein Beispiel einer solchen Wahrheitstabelle für eine Schaltfunktion f mit 4 Signalgrößen.
Anhand der Wahrheitstabelle kann man die Schaltfunktion (Logikgleichung, Logikfunktion) als ODER-Verknüpfung der UND-Verknüpfungen aller Signalgrößen, bei denen $f = 1$ ist, ermitteln. Dabei ist beim Wert Ø für eine Signalgröße stets der negierte Wert, beim Wert 1 der nichtnegierte Wert in die UND-Verknüpfung einzusetzen.
Am einfachsten machen wir uns das anhand von Tafel 2 deutlich. Da die Schaltfunktion f nur für 3 Belegungen der Variablen a, b, c, d 1 wird, besteht die ODER-Verknüpfung auch nur aus 3 Anteilen, und man liest aus Tafel 2 folgende Logikgleichungen ab

$$f = \bar{a} \cdot b \cdot c \cdot \bar{d} \vee \bar{a} \cdot \bar{b} \cdot c \cdot \bar{d} \vee a \cdot \bar{b} \cdot \bar{c} \cdot d . \tag{32}$$

(Man sieht, daß dort, wo in der Wahrheitstabelle eine Ø steht, die entsprechende Variable (binäre Signalgröße) negiert in die Logikgleichung aufgenommen wird.)

Die Gleichung (32) hat also deshalb diese Form, weil nach Tafel 2 $f=1$ (wahr) sein soll, wenn $\bar{a}=1$ (d. h. $a=\emptyset$) und $b=1$ und $c=1$ und $d=\emptyset$ oder wenn $\bar{a}=1$ $(a=\emptyset)$ und $\bar{b}=1$ $(b=\emptyset)$ und $c=1$ und $\bar{d}=1$ $(d=\emptyset)$ oder wenn $a=1$ und $\bar{b}=1$ und $\bar{c}=1$ und $\bar{d}=1$ sind.

Schaltungstechnisch kann diese Logikfunktion durch ein Schaltnetzwerk entsprechend Bild 26 verwirklicht werden.

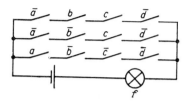

Bild 26. Schaltfunktion mit 12 Schaltern

Es ist nun aber leider nicht gesagt, daß das das einzige Schaltnetzwerk ist, das die Logikgleichung (32) realisiert. In der Tat gibt es mehrere, die diese Gleichung erfüllen. Unter dieser Menge von Schaltfunktionen ist zweifelsohne diejenige technisch am interessantesten, die mit den wenigsten Schaltern auskommt (1 Schalter $\triangleq$ 1 Transistor (mindestens, s. u.)). In der Literatur sind nun eine Reihe von Verfahren bekannt, die es ermöglichen, eine Schaltfunktion zu minimieren (s. dazu z. B. [8] bis [11]). Allgemeingültige Verfahren, die zur absolut minimalsten Form einer Schaltfunktion führen, gibt es jedoch nicht.

Für den Anfänger ist es oft recht wirkungsvoll, durch Anwendung der Gesetze (25) bis (29), insbesondere aber durch Anwendung der Gleichungen (30) und (31) Vereinfachungen zu erzielen. Auf diese Weise erhält man für die Logikgleichung (32) folgende Form

$$f=\bar{d}(\bar{a}c \vee ab\bar{c}) \,. \tag{33}$$

Die technische Realisierung dieser vereinfachten Funktion durch ein Schaltnetzwerk besitzt nur 6 Schalter. Es ist zu erkennen, daß der technische Aufwand (Anzahl der Schalter) geringer ist als bei der Originalvariante im Bild 26. Beide Schaltungen führen aber völlig gleiche Funktionen aus.

● Es sei dem Leser empfohlen, die Richtigkeit der Beziehung (33) nachzuweisen, indem (17) und (29) sinngemäß angewendet werden und die entstehenden Klammern ausmultipliziert und vereinfacht werden.

Die bisher besprochenen Schaltfunktionen sind nur von der Belegung der Eingangssignalgrößen a, b, ... mit Einsen und Nullen abhängig. Man nennt sie **kombinatorische Funktionen**. Darüber hinaus gibt es aber auch noch Schaltfunktionen, die außer von den Belegungen der Signalgrößen noch vom inneren Zustand des Schaltnetzwerkes abhängen. Sie heißen **sequentielle Netzwerke** bzw. **sequentielle Funktionen**. Zu ihrer Realisierung sind zusätzlich zu den Schaltern noch Speicherelemente erforderlich. Als Speicherelemente werden Flipflops eingesetzt. Zu ihrer Beschreibung werden Zustandstabellen, Überführungsfunktionen und Zustandsgrafen verwendet. In diesem sehr elementaren Einführungskurs soll darauf nicht eingegangen werden.

3.2.1.3. Arithmetik mit Binärzahlen (Dualzahlen)

Die Nullen und Einsen der binären Signalgrößen können nicht nur logisch, sondern auch arithmetisch verknüpft werden, d. h., man kann mit diesen Größen auch echt rechnen. Eine Folge von Einsen und Nullen, z. B. 11010011, bildet in diesem Fall eine Binärzahl ($\triangleq$ Dualzahl), wobei jede Stelle eine sogenannte Binärziffer darstellt, die den Wert 1 oder 0 annehmen kann. (Die Dezimalziffern können im Vergleich dazu die Werte 0 bis 9 annehmen.) Ebenso wie bei den uns sehr geläufigen Dezimalzahlen hat die am weitesten rechts stehende Ziffer die geringste Wertigkeit, die am weitesten links stehende Ziffer die höchste Wertigkeit. Während die Dezimalziffern nach Potenzen von 10 ($10^0 \triangleq$ Einer, $10^1 \triangleq$ Zehner usw . . .) geordnet sind, sind die Binärziffern nach Potenzen von 2 geordnet ($2^0 \triangleq$ Einer, $2^1 \triangleq$ Zweier, $2^2 \triangleq$ Vierer usw . . .), also . . . Achter (2^3) Vierer (2^2) Zweier (2^1) Einer (2^0).
Die Binärzahl 11010011 bedeutet damit

$$1 \cdot 2^7 + 1 \cdot 2^6 + 0 \cdot 2^5 + 1 \cdot 2^4 + 0 \cdot 2^3 + 0 \cdot 2^2 + 1 \cdot 2^1 + 1 \cdot 2^0 .$$

Die **Addition** zweier Binärzahlen erfolgt ebenso wie die Addition zweier Dezimalzahlen ziffernweise, beginnend mit der niederwertigsten Ziffer (also von rechts nach links) und unter Berücksichtigung eines möglichen Übertrages in die nächsthöhere Stelle. Dieser Übertrag entsteht bei Dezimalziffern immer dann, wenn das Ergebnis der Addition zweier Ziffern größer als 9 ist. Bei den Binärziffern entsteht er demzufolge dann, wenn das Ergebnis größer als 1 ist (2 wäre bereits die Erhöhung der Potenz um 1). Damit ergeben sich die folgenden *Gesetze für die Addition zweier Binärziffern*

$0 + 0 = 0$ kein Übertrag

$0 + 1 = 1$ kein Übertrag

$1 + 1 = 0$ Übertrag in die nächsthöhere Stelle.

Insgesamt ist zu beachten, daß bei der Addition in einer Stelle nicht nur die Addition der beiden Binärziffern a_i und b_i durchgeführt wird, sondern daß noch ein etwaiger Übertrag aus der vorhergehenden Stelle c_i mit hinzuaddiert

Tafel 3. Rechenregeln bei der Addition zweier Binärziffern a_i, b_i und eines Übertrages c_i zur Summe s_i und zum neuen Übertrag c_{i+1}

a_i	b_i	c_i	s_i	c_{i+1}
0	0	0	0	0
0	0	1	1	0
0	1	0	1	0
1	0	0	1	0
0	1	1	0	1
1	1	0	0	1
1	0	1	0	1
1	1	1	1	1

wird. Wendet man die obigen Rechengesetze auf die Addition von 3 Binärziffern an, und zwar auf die Addition der beiden Ziffern a_i. b_i (in der Stelle i)
und des Übertrages c_i, so erhält man die in Tafel 3 zusammengefaßten Ergeb-
nisse.

Beispiel:

Es seien die beiden Binärzahlen $A = a_4 a_3 a_2 a_1 = 1001$ ($= 9$) und $B = b_4 b_3 b_2 b_1$
$= 0011$ ($= 3$) zu addieren.
Ebenso wie beim Dezimalsystem schreiben wir beide Zahlen untereinander.

$$
\begin{array}{lllll}
A = 1 & 0 & 0 & 1 & (= 9) \\
B = 0 & 0 & 1 & 1 & (= 3)
\end{array}
$$

$$
\begin{array}{llll}
S = 1 \leftarrow 1 \leftarrow 0 \leftarrow 0 & (= 12) & \text{Summe} \\
\quad c_4 = 0 \; c_3 = 1 \; c_2 = 1 & & \text{Überträge}
\end{array}
$$

Wir beginnen rechts mit der stellenweisen Addition und erhalten $a_1 = 1$ plus
$b_1 = 1$ ergibt $s_1 = 0$ und einen Übertrag $c_2 = 1$ in die nächste Stelle. In der
nächsten Stelle werden $a_2 = 0$ und $b_2 = 1$ und $c_2 = 1$ addiert. Das ergibt wieder
$s_3 = 0$ und einen Übertrag $c_3 = 1$ in die nächste Stelle. Für die dritte und vierte
Stelle wird diese Rechnung in gleicher Weise fortgesetzt.

Die Addition ist die Grundlage aller anderen Grundrechenoperationen. So
wird die **Subtraktion** auf eine Addition mit dem Zweierkomplement des Subtrahenden zurückgeführt. Das **Zweierkomplement** wird einfach dadurch
gebildet, daß die entsprechende Binärzahl stellenweise negiert und anschließend mit 1 addiert wird.

Beispiel:

Das Zweierkomplement von

$B = 0011$

ist

$B' = 1100 + 1 = 1101$.

Wollen wir also z. B. die Differenz

$D = A - B = 1001 - 0011$

bilden, so ist die folgende Addition auszuführen:

$$
\begin{array}{lllll}
A = 1 & 0 & 0 & 1 & = 9 \\
+ B' = 1 & 1 & 0 & 1 & = \text{Zweierkomplement von 3}
\end{array}
$$

$$
\begin{array}{ll}
\leftarrow 0 \leftarrow 1 \leftarrow 1 \leftarrow 0 & = 6 \quad \text{Differenz} \\
c_5 = 1 \; c_4 = 0 \; c_3 = 0 \; c_2 = 1 & \quad\quad \text{Überträge}
\end{array}
$$

Der Übertrag c_5 kennzeichnet das Vorzeichen der gebildeten Differenz. Ist er
gleich 1, so ist das Ergebnis positiv (also $A > B$, wie im vorliegenden Beispiel),
ist er gleich 0, so ist das Ergebnis negativ (also $A < B$). Im letzteren Fall ist
das Ergebnis dann auch im Zweierkomplement dargestellt.

Beispiel:

$D = A - B = 0011 - 1001$ ($= 3 - 9$).

Es ist

$$A \quad \emptyset \quad \emptyset \quad 1 \quad 1 = 3$$
$$B' \quad \emptyset \quad 1 \quad 1 \quad 1 = \text{Zweierkomplement von } 9$$

$D' \leftarrow\!\!-\!1\!\leftarrow\!\!-\!\emptyset\!\leftarrow\!\!-\!1\!\leftarrow\!\!-\!\emptyset \quad$ Differenz
$c_5 = \emptyset \; c_4 = 1 \; c_3 = 1 \; c_2 = 1 \quad$ Überträge

Wir sehen, daß tatsächlich $c_5 = \emptyset$ ist, da $A < B$ $(3 < 9)$. Das Zweierkomplement des Ergebnisses lautet $D' = 1010$. Das ist das Zweierkomplement von 6 $(6 = \emptyset 110$, Zweierkomplement $6' = 1001 + 1 = 1010)$.
Das Ergebnis ist also negativ (-6) und im Zweierkomplement dargestellt.
Maschinenintern braucht eine Rekomplementierung nicht vorgenommen zu werden. Man kann mit negativen, im Zweierkomplement dargestellten Zahlen so rechnen, als wären es positive, das Ergebnis wird dann immer richtig.

Arithmetik mit BCD-Zahlen. Insbesondere in Kleinrechnern (z. B. Taschenrechnern) spielt die Arithmetik mit BCD-Zahlen (binär verschlüsselte Dezimalzahlen) eine große Rolle. Das ist so, weil bei Kommunikation zwischen Mensch und Rechner nur die dem Menschen gewohnten Dezimalzahlen verwendet werden können. Im Inneren einer binären digitalen Rechenmaschine (Rechnerschaltkreis) kann aber nur mit den eben behandelten binären Rechenoperationen gearbeitet werden. Das würde bedeuten, daß bei jeder Eingabe die Dezimalzahl in eine Binärzahl und bei jeder Ausgabe die Binärzahl in eine Dezimalzahl umgewandelt werden müßte. Um den dazu notwendigen technischen Aufwand (Bauelemente auf dem Rechnerschaltkreis) zu vermeiden, wird mit binär verschlüsselten Dezimalzahlen, sogenannten BCD-Zahlen (BCD binary coded decimal) gerechnet. Gemäß Tafel 1 Spalte 2 wird dazu jeder Dezimalziffer (0 bis 9) eine vierstellige Binärzahl (Tetrade) zugeordnet. Im Inneren des Rechnerschaltkreises wird dann statt mit den Dezimalziffern 0 bis 9 mit den diesen Ziffern zugeordneten BCD-Tetraden $\emptyset\emptyset\emptyset\emptyset$ bis 1001 gerechnet. Der Dezimalzahl 12 entspricht dann z. B. die BCD-Zahl $\emptyset\emptyset\emptyset 1 \; \emptyset\emptyset 10$.
Glücklicherweise kann mit diesen Tetraden genauso gerechnet werden wie mit den reinen binären Zahlen, was wir bereits besprochen haben.
Die **Addition** zweier BCD-Zahlen erfolgt also stellenweise durch Addition der entsprechenden Tetraden und innerhalb der Tetraden ebenfalls stellenweise durch Addition der einzelnen Binärstellen.

Beispiel:
Addition der Dezimalziffern 3 und 2

$$3 = \emptyset \; \emptyset \; 1 \; 1$$
$$+2 = \emptyset \; \emptyset \; 1 \; \emptyset$$
$$= 5 \quad \emptyset \; 1 \; \emptyset \; 1 \, .$$

Folgendes ist jedoch zu beachten: Bei der Addition zweier Dezimalziffern (also auch zweier Tetraden) kann das Ergebnis größer als 9 sein (z. B. $8 + 3 = 11$). Eine Zahl größer als 9 ist aber gemäß Tafel 1 nicht im BCD-Kode erklärt; man bezeichnet sie als Pseudotetrade.
Es muß also nach jeder Rechnung geprüft werden, ob das Ergebnis eine Pseudotetrade ist oder nicht. Liegt eine Pseudotetrade vor (Zahl größer 9), so muß ein Übertrag in die nächsthöhere Dezimalziffer (Tetrade) gegeben werden. Dieser Übertrag heißt im Unterschied zu den Überträgen zwischen den Binärstellen **Dezimalübertrag** *DC* (*DC* decimal carry). Außerdem ist

noch eine **Pseudotetradenkorrektur** vorzunehmen. Dafür gibt es mehrere Möglichkeiten. Eine dieser Möglichkeiten ist die Addition von Ø 11 Ø = 6.

Beispiel:
Addition der beiden Dezimalziffern 3 und 8:

$$
\begin{aligned}
3 &= \text{Ø Ø 1 1} \\
+8 &= \text{1 Ø Ø Ø} \\
\hline
&= \quad \text{1 Ø 1 1} \quad \text{(Pseudotetrade)}
\end{aligned}
$$

$+$ Korrektur $\quad \longleftarrow$

$$
\begin{aligned}
&\text{Ø 1 1 Ø} \\
\hline
&\text{Ø Ø Ø 1}
\end{aligned}
$$

$DC = 1 \;\longleftarrow$
in die nächste
BCD-Tetrade

Insgesamt sieht dann das Ergebnis wie folgt aus:

nächsthöhere Tetrade	betrachtete Tetrade
Ø Ø Ø 1	Ø Ø Ø 1 .
1	1

In jeder Tetrade steht nun eine 1, d. h., das Ergebnis im BCD-Kode ist die Dezimalzahl 11, was als Ergebnis der Addition von 3 und 8 auch richtig ist.
Die **Subtraktion** von BCD-Zahlen wird auf eine Addition mit dem **15er** Komplement des Subtrahenden zurückgeführt. Das Fünfzehnerkomplement erhält man durch bitweises Negieren des Subtrahenden und Addition von 1.

Beispiel:
Das 15er Komplement von

$$
\begin{aligned}
768 &= \text{Ø111} \quad \text{Ø11Ø} \quad \text{1ØØØ} \quad \text{ist} \\
768'' &= \text{1ØØØ} \quad \text{1ØØ1} \quad \text{Ø111} + 1 = \text{1ØØØ 1ØØ1} \quad \text{1ØØØ} .
\end{aligned}
$$

Nach der Ausführung der entsprechenden Addition muß auch wieder eine Pseudotetradenkorrektur ausgeführt werden. Das kann z. B. durch Addition mit 1Ø1Ø (= 10) erfolgen. Eine Pseudotetradenkorrektur ist immer dann auszuführen, wenn im Ergebnis der Addition in einer Tetrade eine Zahl größer als 9 oder/und k e i n Übertrag in die nächsthöhere Tetrade gebildet wird.
Erfolgt aus der höchstwertigen Tetrade (≙ höchstwertige Dezimalstelle) kein Übertrag, so ist das ein Kennzeichen dafür, daß das Ergebnis negativ und im 10er Komplement dargestellt ist.

Beispiel:
Wir wollen die Rechnung $D = 0 - 768$ mit BCD-Zahlen ausführen.

$$
\begin{array}{llll}
0 & \text{Ø Ø Ø Ø} & \text{Ø Ø Ø Ø} & \text{Ø Ø Ø Ø} \\
(-768) & & & \\
+768'' & \text{1 Ø Ø Ø} & \text{1 Ø Ø 1} & \text{1 Ø Ø Ø} \\
\hline
& \longleftarrow\text{1 Ø Ø Ø}\longleftarrow\text{1 Ø Ø 1}\longleftarrow\text{1 Ø Ø Ø} \\
& DC4 = \text{Ø} \quad DC3 = \text{Ø} \quad DC2 = \text{Ø}
\end{array}
$$

$$DC4 = 0 \qquad DC3 = \emptyset \qquad DC2 = \emptyset$$

deshalb—↓   deshalb—↓   deshalb—↓

Korrektur $+1\ \emptyset\ 1\ \emptyset + 1\ \emptyset\ 1\ \emptyset + 1\ \emptyset\ 1\ \emptyset$

$$\emptyset\ \emptyset\ 1\ \emptyset \quad \emptyset\ \emptyset\ 1\ 1 \quad \emptyset\ \emptyset\ 1\ \emptyset$$

wegen $DC4 = \emptyset$

Ergebnis negativ

↓ $-\quad 2 \qquad 3 \qquad 2$

Das Ergebnis unserer Rechnung ist also -232. 232 ist aber das Zehnerkomplement von 768. Damit ist also unsere Aussage bestätigt, daß im Fall $DC = \emptyset$ aus der höchstwertigen BCD-Tetrade (in unserem Beispiel $DC4 = \emptyset$) das Ergebnis negativ und im Zehnerkomplement dargestellt ist. Maschinenintern braucht eine Rekomplementierung nicht vorgenommen zu werden. Man kann mit negativen, im Zehnerkomplement dargestellten BCD-Zahlen so rechnen, als wären es positive. Das Ergebnis wird dann immer richtig.

Beispiel:

Wir wollen die Rechnung $D = 935 - 768$ ausführen.
Die Subtraktion mit 768 ist aber das gleiche wie die Addition mit dem Zehnerkomplement, also liefert bei unserer BCD-Arithmetik
$D = 935 + 232$ das gleiche [10]

$$
\begin{array}{llll}
935 & 1\emptyset\emptyset1 & \emptyset\emptyset11 & \emptyset1\emptyset1 \\
(+232) & \emptyset\emptyset1\emptyset & \emptyset\emptyset11 & \emptyset\emptyset1\emptyset \\
\hline
 & 1\emptyset11 & \emptyset11\emptyset & \emptyset111 \\
\text{Korrektur} & \emptyset11\emptyset \\
\hline
DC4 = 1 \leftarrow & \emptyset\emptyset\emptyset1 & \emptyset11\emptyset & \emptyset111 \\
\text{daher} \\
\vdash + & 1 & 6 & 7
\end{array}
$$

Wir erhalten also das richtige Ergebnis $935 - 768 = +167$.

Diese Zahlen in unserem Beispiel waren sogenannte Zahlen ohne getrennte Vorzeichendarstellung (unsigned numbers). Das Vorzeichen haben wir immer nur am Auftreten oder Nichtauftreten eines Übertrages aus der höchsten Stelle bei der Subtraktion erkannt (s. o.). Oft wird aber zur Vorzeichenmarkierung noch eine weitere Bitstelle (Binärstelle) reserviert (signed numbers). In der Regel wird eine 1 im höchstwertigen Bit als Minuszeichen festgelegt [8] bis [11].

3.2.2. Inverter und Logikgatter

Die digitale Signalverarbeitung erfolgt – wie wir im Abschnitt 3.2.1. gesehen haben – in Schaltnetzwerken. Die Schaltnetzwerke enthalten Schalter, die je nach der zu realisierenden Logikfunktion (Schaltfunktion) angeordnet werden (Beispiele s. Bild 26). In mikroelektronischen Schaltkreisen werden diese Schalter mit Feldeffekttransistoren oder mit Bipolartransistoren realisiert. Deshalb unterscheiden wir bei den Schaltkreisen auch prinzipiell zwischen **Bipolartechnik** und **MOS-Technik**. Wir wollen nun für diese Techniken zunächst einfache Grundschaltungen kennenlernen, in denen die Transistoren Schaltfunktionen ausführen.

3.2.2.1. MOS-Technik

In der MOS-Technik wirkt der MOS-Feldeffekttransistor als Schalter [1] [3]. Bild 27 zeigt den Grundstromkreis eines MOS-Transistors. Der MOS-Transistor hat 3 Anschlüsse. Das Gate (G) ist die Steuerelektrode. Wird an sie

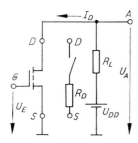

Bild 27. Grundstromkreis des MOS-Transistorschalters

beim n-Kanal-Typ eine positive Spannung einer bestimmten Mindestgröße angelegt, so wird der Kanal zwischen der Drainelektrode (D) und der Sourceelektrode (S) niederohmig (leitend), und es kann ein Strom fließen. Das entspricht dem eingeschalteten (geschlossenen) Schalter. Unterschreitet aber die Gatespannung einen bestimmten Schwellenwert U_{pE} (Schwellspannung), so wird der Kanal zwischen Drain und Source extrem hochohmig. Das entspricht dem ausgeschalteten (geöffneten) Schalter. Wir wollen das anhand der Kennlinien in den Bildern 28 und 29 noch näher erläutern ([1] [3]): Ist die

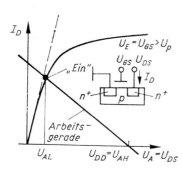

Bild 28. Ausgangskennlinie und Arbeitsgerade des MOS-Schalters

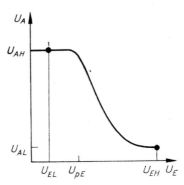

Bild 29. Transferkennlinie des MOS-Inverters

Eingangsspannung U_E größer als die Schwellspannung U_{Ep} (≈ 1 V), so schaltet der Transistor zwischen Drain und Source ein (im Bild 27 entspricht dies dem eingeschalteten Schalter), und es kann ein Strom von der Spannungsquelle U_{DD} (≈ 5 V) über den Lastwiderstand R_L und über den MOS-Transistor nach Masse fließen. Durch den Spannungsabfall über dem Lastwiderstand R_L sinkt dabei die Ausgangsspannung U_A ab. Mit wachsender Eingangsspannung fällt also die Ausgangsspannung U_A entsprechend der Transferkennlinie im Bild 29 ab.
Bild 28 enthält ein Diagramm mit der Ausgangskennlinie des MOS-Transistors (Abhängigkeit des Transistorstromes I_D von der Ausgangsspannung U_A bei konstanter Eingangsspannung $U_E > U_{pE}$) und mit der Kennlinie des

Lastwiderstandes (Arbeitsgerade). Der Schnittpunkt der Transistorkennlinie mit der Arbeitsgeraden markiert den stabilen Arbeitspunkt „Ein" im eingeschalteten Zustand. Aus $U_{AL} > 0$ sieht man, daß der Transistor auch im eingeschalteten Zustand immer noch einen bestimmten Widerstand R_D besitzt (er ist also nicht Null, wie wir das beim idealen Schalter erwarten würden). Als Faustformel für diesen Widerstand gilt

$$R_D = \frac{L}{2bK'(U_E - U_{pE})} \ . \tag{34}$$

L ist die Kanallänge des Transistors (s. Abschnitt 3.5. und Bild 90), b ist die Kanalbreite, K' ist eine von der Technologie abhängige Konstante mit Werten in der Größenordnung von

$$K' \approx 10 \ \mu A/V^2 \ . \tag{35}$$

Aus den Kennlinien in den Bildern 28 und 29 geht also hervor, daß am Ausgang unseres Schalters ein niedriger Spannungspegel U_{AL} (Low-Pegel) entsteht, wenn am Eingang ein hoher Spannungspegel U_{EH} (High-Pegel) anliegt. Umgekehrt entsteht am Ausgang dann ein High-Pegel U_{AH}, wenn am Eingang ein Low-Pegel U_{EL} liegt. Unser MOS-Transistorschalter nach Bild 27 realisiert damit in Kombination mit dem Lastwiderstand gerade die **NEGATION** des Eingangssignals. Bezogen auf unsere binären digitalen Signalgrößen, bedeutet dies: Eine Ø am Eingang ($\triangleq$ Low-Pegel U_{EL}) entspricht einer 1 am Ausgang ($\triangleq$ High-Pegel U_{AH}). Umgekehrt erzeugt eine 1 am Eingang ($\triangleq$ High-Pegel U_{EH}) eine Ø am Ausgang ($\triangleq$ Low-Pegel U_{AL}).
Ein Schaltnetzwerk (Logikschaltung) besteht nun aus einer Vielzahl solcher MOS-Transistorschalter. Die Ausgangssignale vorhergehender Schalterstufen wirken dabei als Eingangssignale nachfolgender Stufen. Deshalb muß sichergestellt werden, daß ein Low-Pegel am Ausgang auch als Low-Pegel am Eingang der folgenden Stufe erkannt wird. Als Low-Pegel wird eine Eingangsspannung aber nur dann erkannt, wenn sie kleiner als die Spannung U_{pE} (Schwellenspannung) zum Einschalten der entsprechenden nächsten Stufe ist. Da der Ausgangs-Low-Pegel einer Schaltstufe (NEGATOR, Inverter) gemäß Bild 27 von der Spannungsteilung über dem Transistorwiderstand R_D und dem Lastwiderstand R_L abhängt

$$U_{AL} = U_{DD} \frac{R_D}{R_D + R_L} \ , \tag{36}$$

muß zur Erzielung kleiner Ausgangs-Low-Pegel der Transistorwiderstand R_D möglichst klein und der Lastwiderstand R_L möglichst groß sein. Gemäß (34) erreicht man einen kleinen Transistorwiderstand R_D durch ein großes b/L-Verhältnis. Mit einem großen Lastwiderstand R_L erreicht man zwar ebenfalls einen kleinen Ausgangs-Low-Pegel und außerdem noch einen anzustrebenden kleinen Leistungsverbrauch, jedoch sind aus Gründen der Arbeitsgeschwindigkeit Grenzen gesetzt.
Der größte **Leistungsverbrauch** einer solchen Schaltstufe (Gatter) tritt im eingeschalteten Zustand auf und beträgt

$$P_V = \frac{U_{DD}^2}{R_L} \frac{t_{ein}}{T} \ . \tag{37}$$

Hierbei wurde der kleine Low-Pegel im eingeschalteten Zustand vernachlässigt. t_{ein}/T ist das Verhältnis der Zeit, in der die Schaltstufe eingeschaltet ist (t_{ein}), zur gesamten Zeitperiode (T). Ist also die Schaltstufe genauso lange eingeschaltet wie ausgeschaltet, so ist $t_{ein}/T = 1/2$.

Während für den Low-Pegel am Ausgang die Bedingung

$$U_{AL} < U_{pE}[\text{z. B.} \quad U_{AL} = (1/2) \ U_{pE}] \tag{38}$$

gilt, gilt für den High-Pegel am Ausgang

$$U_{AH} > U_{pE} \quad (\text{z. B.} \quad U_{AH} = 4U_{pE}) \,. \tag{39}$$

Der High-Pegel wird durch die Größe der Betriebsspannung U_{DD} garantiert. Beim praktischen Schaltkreisentwurf werden statt des Lastwiderstandes R_L oft weitere Transistoren eingesetzt (s. Bilder 30a bis c). Bei der Variante im Bild 30a wirkt ein Enhancementtransistor (Anreicherungstransistor) als Lastelement, bei der Variante im Bild 30b ist ein sogenannter Depletiontransistor (Verarmungstransistor) das Lastelement.

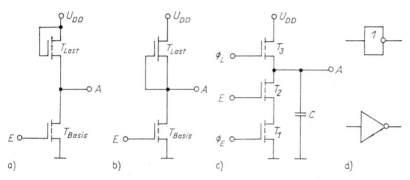

Bild 30. MOS-Inverter

a) EE-Inverter; b) ED-Inverter; c) dynamischer Inverter; d) Logiksymbole (nach IEC und USA-Standard)

Enhancement- und Depletiontransistoren unterscheiden sich folgendermaßen: **Enhancementtransistoren** sind für alle Gatespannungen U_{GS} größer als eine positive Schwellspannung U_{pE} (also für $U_{GS} > U_{pE} \approx +1 \text{ V}$) leitend, **Depletiontransistoren** sind für alle Gatespannungen U_{GS} größer als eine negative Schwellspannung U_{pD} (also für $U_{GS} > U_{pD} \approx -3 \text{ V}$), und damit auch für $U_{GS} = 0$, leitend [1] [3] .

Eine besondere Variante eines Inverters bzw. Negators zeigt Bild 30c. Hier wird zunächst mit einem Taktimpuls Φ_L die Knotenkapazität C am Ausgang A auf die Betriebsspannung U_{DD} vorgeladen. Im folgenden Taktimpuls Φ_E wird diese nur dann wieder entladen, wenn am Eingang E ein High-Pegel liegt, so daß der Transistor T_2 aufgesteuert (eingeschaltet) wird. Also auch bei dieser Schaltung gilt: High-Pegel am Eingang erzeugt Low-Pegel am Ausgang und umgekehrt. Der besondere Vorteil der Variante des Bildes 30c ist, daß zu keiner Zeit ein Gleichstrompfad von der Betriebsspannung U_{DD} nach Masse besteht und daher auch keine stationäre Verlustleistung wie bei den Varianten der Bilder 30a und b verbraucht wird. Es wird also nur die im dynamischen Betrieb zur Umladung der Kapazität erforderliche Leistung ($P \sim C \cdot f \cdot U_{DD}^2$, f Schaltfrequenz) verbraucht. Jedoch ist diese Schaltung für den statischen Betrieb nicht geeignet, da die Ladung auf der Kapazität C durch Leckströme nach einer bestimmten Zeit verlorengeht. Deshalb können

Schaltungen, die die Gattervariante des Bildes 30c verwenden, nur bis zu einer bestimmten untersten Grenzfrequenz betrieben werden.

Zur Einhaltung des Low-Pegels gemäß (38) muß bei den Varianten der Bilder 30a und b ein bestimmtes Verhältnis der Kanallängen L und -breiten b eingehalten werden (diesen Nachteil besitzt die Variante des Bildes 30c nicht). Wir haben bereits in (34) gesehen, daß der Kanalwiderstand des Transistors R_D um so kleiner wird, je größer das Verhältnis Kanalbreite zu Kanallänge b/L ist. Deshalb gilt zur Einhaltung eines sicheren Low-Pegels für die Gattervarianten der Bilder 30a und b als Faustformel

$$\frac{(b/L)_{\text{Basis}}}{(b/L)_{\text{Last}}} \approx 5 \ldots 8. \tag{40}$$

Die Festlegung der Größen b und L für die einzelnen Transistoren erfolgt beim **Layoutentwurf** (s. Abschnitt 3.5.). Die jeweils minimalen Werte für b und L werden durch die Entwurfsregeln festgelegt (s. Tafel 14), die maximalen Werte werden durch die Bedingungen in (40) bzw. durch Sonderanforderungen bezüglich Leistung, Arbeitsgeschwindigkeit oder Pegelkompatibilität bei Eingangs/Ausgangs-Schaltungen (s. Abschnitt 3.3.) bestimmt. Das Übertragen der erforderlichen elektrischen Eigenschaften der Gatter in das Layout besteht also im wesentlichen im Festlegen und im Zeichnen der Größen von Kanallänge L und Kanalbreite b bei allen MOS-Transistoren. Alles weitere ergibt sich aus den Entwurfsregeln routinemäßig.

Die **Arbeitsgeschwindigkeit** eines solchen Gatters wird durch die Zeit charakterisiert, die benötigt wird, um bei einer plötzlichen Änderung des Eingangssignals eine bestimmte Änderung des Ausgangssignals zu bewirken (s. Bild 31). Die träge Reaktion der Ausgangsspannung wird durch die Umladung der Knotenkapazität C_L bestimmt. C_L setzt sich zusammen aus der Ausgangskapazität der betrachteten Stufe, der Eingangskapazität und der Zuleitungskapazität der folgenden Stufe.

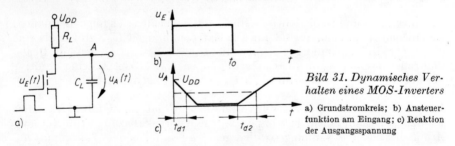

Bild 31. Dynamisches Verhalten eines MOS-Inverters

a) Grundstromkreis; b) Ansteuerfunktion am Eingang; c) Reaktion der Ausgangsspannung

Wir betrachten nun das Gatter im Bild 31a, das gemäß Bild 31b zum Zeitpunkt $t=0$ eingeschaltet wird. Da für $t<0$ der Transistor ausgeschaltet war, hatte sich die Knotenkapazität C_L auf die Betriebsspannung U_{DD} aufgeladen. Für $t>0$ entlädt sich diese über den eingeschalteten Transistor.

Als Maß für die **Einschaltverzögerung** wollen wir die Zeit t_{d1} definieren, die benötigt wird, um die Kapazität auf die Hälfte ($U_{DD}/2$) der Betriebsspannung zu entladen (s. Bild 31c). Gemäß den Grundlagen der Elektrotechnik [1] gilt dafür

$$t_{d1} = C_L R_D \ln 2 \approx C_L R_D . \tag{41}$$

Zum Zeitpunkt t_0 soll dann gemäß Bild 31b der Transistor wieder ausgeschaltet werden. Das bedeutet, daß sich die Kapazität C_L erneut auflädt, und zwar während der Ausschaltverzögerungszeit t_{d2} auf die Hälfte der Betriebsspannung $U_{DD}/2$ (s. Bild 31c). In Analogie zu (41) gilt für die **Ausschaltverzögerung**

$$t_{d2} = C_L R_L \ln 2 \approx C_L R_L \,. \tag{42}$$

Wegen der Low-Pegel-Forderung (s. (40)) ist $R_L \succ R_D$ und deshalb auch $t_{d2} \succ t_{d1}$.

Erfolgt die Aufladung der Kapazität nicht über einen linearen Widerstand R_L, sondern über einen Depletiontransistor (Bild 30b), so gilt [3]

$$t_{d2} = C_L \, \frac{U_{DD}}{2 \, K' U_{pD}^2} \left(\frac{L}{b}\right)_{Last}, \tag{43}$$

da der Depletiontransistor wie eine Konstantstromquelle (Strom $I = K' U_{pD}^2 b/L$) wirkt. Schließlich wird als sogenannte **Signalverzögerungszeit** eines Gatters der lineare Mittelwert

$$t_d = \frac{t_{d1} + t_{d2}}{2} \tag{44}$$

verwendet.

Da wegen der Low-Pegel-Bedingung (38) R_D stets viel kleiner als R_L sein muß, ist auch t_{d1} viel kleiner als t_{d2}. Die Signalverzögerungszeit eines MOS-Gatters wird also in erster Linie von t_{d2} bestimmt. t_{d2} ist aber gemäß (42) dem Lastwiderstand R_L direkt proportional. Ein großer Lastwiderstand bedingt nun zwar entsprechend (36) einen kleinen Low-Pegel und auch gemäß (37) eine kleine Verlustleistung, jedoch gemäß (42) eine geringe Arbeitsgeschwindigkeit, d. h. eine große Signalverzögerungszeit. Man hat also stets den Kompromiß zwischen Leistung P_V und Signalverzögerungszeit t_d zu schließen. Deshalb ist das Produkt aus Verlustleistung und Signalverzögerungszeit ein Gütemaß für eine Schaltkreistechnik

$$PDP = P_V t_d \tag{45}$$

(PDP power delay product).

Durch Parallel- und Reihenschaltung der oben beschriebenen Inverter lassen sich die verschiedensten logischen Verknüpfungen (**Grundlogikgatter**) entsprechend Abschnitt 3.2.1.2. realisieren. So entsteht ein **NOR-Gatter** durch

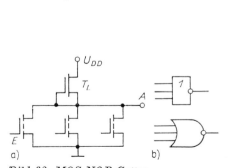

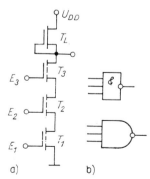

Bild 32. MOS-NOR-Gatter

a) Transistorschaltung; b) Logiksymbole (nach IEC und USA-Standard)

Bild 33. MOS-NAND-Gatter

a) Transistorschaltung; b) Logiksymbole (nach IEC und USA-Standard)

43

Parallelschalten mehrerer Inverter, wie das für 3 Eingänge im Bild 32 gezeigt ist. Bei diesem NOR-Gatter liegt dann ein der logischen Ø entsprechender Low-Pegel am Ausgang, wenn der Eingang E_1 oder der Eingang E_2 oder der Eingang E_3 einen der logischen 1 entsprechenden High-Pegel führt. Nur dann kann der Strom durch T_1 oder T_2 oder T_3 fließen, und durch den Spannungsabfall über dem Lasttransistor T_L entsteht am Ausgang ein niedriger Spannungspegel (Low-Pegel $\cong$ Ø).

Ein **NAND-Gatter** entsteht durch Reihenschaltung mehrerer MOS-Transistoren entsprechend Bild 33. Bei diesem Gatter müssen alle Transistoren gleichzeitig eingeschaltet sein, damit ein Strom fließt und am Ausgang ein der logischen Ø entsprechender Low-Pegel liegt. Das heißt, am Eingang E_1 und am Eingang E_2 und am Eingang E_3 muß ein der logischen 1 entsprechender High-Pegel liegen.

In den Bildern 32b und 33b sind die nach IEC- und USA-Norm gültigen Logiksymbole für NOR-Gatter bzw. NAND-Gatter angegeben.

3.2.2.2. CMOS-Technik

Die CMOS-Technik (complementary MOS) unterscheidet sich von der MOS-Technik nur dadurch, daß als Lasttransistoren MOS-Transistoren vom Enhancementtyp mit **komplementärer Kanalleitfähigkeit** (also p-Kanal-Transistoren) verwendet werden. Ein **Inverter** in CMOS-Technik ist im Bild 34

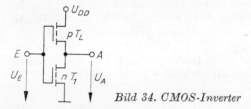

Bild 34. CMOS-Inverter

gezeigt. Bei einer niedrigen Eingangsspannung U_E ist der n-Kanal-Transistor T_1 ausgeschaltet, der p-Kanal-Lasttransistor T_L dagegen eingeschaltet. Die Ursache liegt darin, daß ein p-Kanal-Transistor im Gegensatz zum n-Kanal-Transistor gerade bei einer negativen Gatespannung einschaltet. Ist die Eingangsspannung U_E klein, so liegt zwischen Gate (E) und Source des p-Kanal-Transistors (das Source des p-Kanal-Transistors liegt an der Speisespannung U_{DD}!) die Spannung $U_E - U_{DD} < 0$, welche T_L einschaltet. Dadurch wird der Ausgangsknoten A über T_L auf die volle Speisespannung U_{DD} aufgeladen. Im stationären Zustand fließt aber kein Strom über die Reihenschaltung der beiden Transistoren T_L und T_1, da T_1 ausgeschaltet ist.

Ist dagegen die Eingangsspannung U_E so groß, daß der Basistransistor T_1 eingeschaltet wird, so ist der Lasttransistor ausgeschaltet (ist z. B. $U_{EH} = U_{DD}$, so ist die Gatespannung des Lasttransistors 0). Der Ausgangsknoten A wird in diesem Fall über T_1 auf das Massepotential entladen, am Ausgang liegt dann der ideale Low-Pegel von 0V. Auch in diesem Zustand fließt stationär kein Strom über die Reihenschaltung von T_L und T_1, da nun T_1 ausgeschaltet ist.

CMOS-Gatter haben also folgende entscheidende *Vorteile*:

1. ideale High- und Low-Pegel (U_{DD} bzw. 0),
2. keine stationäre Verlustleistung.

Man setzt sie daher bevorzugt überall dort ein, wo extrem kleine Verlustleistungen notwendig sind (z. B. in Uhrenschaltkreisen). In Analogie zur MOS-Technik erhält man das **CMOS-NOR-Gatter** des Bildes 35a durch Parallelschaltung der Basistransistoren, die durch die Eingangssignale gesteuert werden. Zu jedem Basistransistor gehört aber ein Lasttransistor. Diese müssen wegen der Komplementärtechnik beim NOR-Gatter in Reihe geschaltet werden.

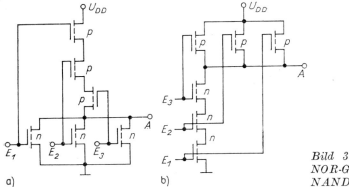

Bild 35. a) CMOS-NOR-Gatter; b) CMOS-NAND-Gatter

Werden die Basistransistoren dagegen in Reihe geschaltet, so erhält man wie bei der MOS-Technik (Bild 33) ein **NAND-Gatter** entsprechend Bild 35b. Die zu jedem Basistransistor gehörenden Lasttransistoren müssen hier wegen der Komplementärtechnik parallelgeschaltet werden (s. Bild 35b).

Allgemein gilt, daß bei der CMOS-Technik die Kombination (Zusammenschaltung) der Lasttransistoren jeweils komplementär zur Kombination (Zusammenschaltung) der Basistransistoren ist. Eine Reihenschaltung der Basistransistoren erfordert stets eine Parallelschaltung der Lasttransistoren und umgekehrt.

3.2.2.3. Weitere Grundelemente der MOS-Technik

Weitere wichtige Grundelemente der MOS-Schaltungstechnik sind die **Transfergates (Schalttransistoren)** entsprechend den Bildern 36a und b, die zwei Knoten in einem Logiknetzwerk verbinden bzw. nicht verbinden können. Mit ihnen lassen sich auch logische Verknüpfungen ausführen. Zum Beispiel wird im Bild 36 Knoten E dann aufgeladen (auf High-Pegel), wenn am Knoten A High-Pegel (1) und am Gate des Schalttransistors eine hohe Spannung Φ liegt. Die wichtigste Aufgabe der Transfergates besteht aber im Schalten von Signalwegen, s. dazu besonders Abschnitte 3.3.1. und 3.3.2.

Das CMOS-Transfergate (Bild 36b) hat gegenüber dem normalen MOS-Transfergate (Bild 36a) den Vorteil, daß es keinen Spannungsabfall verursacht.

Schalttransistoren können mit minimaler Größe ausgelegt werden, da Bedingungen hinsichtlich der Einhaltung von Low-Pegeln wie bei Invertertransistoren nicht bestehen.

Für **Ausgabeschaltungen** werden die im Bild 37 skizzierten **Gegentaktinverter** eingesetzt. Die beiden Ausgangstransistoren T_1 und T_2 werden gegenphasig angesteuert. Zur Erzeugung dieser gegenphasigen Steuersignale dient der Inverter mit den Transistoren T_3, T_4. Bei diesem Inverter ist – wie beim CMOS-Inverter – immer einer der Transistoren T_1 bzw. T_2 ausgeschaltet, so daß auch hier keine statische Verlustleistung benötigt wird. Wird, wie wir es auch in Schaltkreisen finden können, T_2 als Depletiontransistor ausgeführt, so erhalten wir einen sogenannten Superbuffer. Dieser benötigt zwar statische Verlustleistung, ist aber schneller als der klassische Gegentaktinverter.

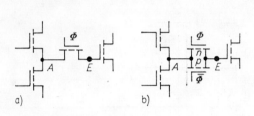

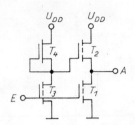

Bild 36 Transfergate

a) in MOS-Technik; b) in CMOS-Technik

Bild 37. Gegentaktausgangstreiber

3.2.2.4. TTL-Technik

Die TTL-Technik ist eine **Bipolartechnik mit übersteuerten Transistorschaltern.** Ebenso wie bei der MOS-Technik im Bild 27, so können wir auch für die Bipolartechnik einen Grundstromkreis für den Betrieb des Bipolartransistors als Schalter aufzeichnen (Bild 38). Liegt am Eingang (Basis des Bipolartransistors) eine positive Spannung, die größer als die Einschaltschwelle U_{F0} ($U_{F0} \approx 0,7$ V für Siliziumtransistoren) ist, so fließt ein Kollektorstrom I_C, der einen Spannungsabfall über dem Lastwiderstand R_L erzeugt. Dadurch sinkt die Ausgangsspannung U_A auf Low-Pegel ab (Bild 39). Also auch dieser

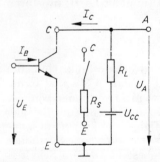

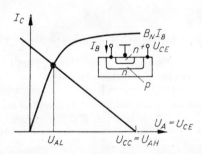

Bild 38. Grundstromkreis des Bipolartransistorschalters

Bild 39. Ausgangskennlinie und Arbeitsgerade des Bipolartransistorschalters

Bipolartransistorschalter mit Lastwiderstand führt ebenso wie der MOS-Schalter im Bild 27 eine **Negation** aus. Das bedeutet: Liegt am Eingang High-Pegel (1), so schaltet der Transistor ein, und der Ausgang führt Low-Pegel (Ø), liegt am Eingang Low-Pegel (Ø), so schaltet der Transistor aus, und der Ausgang führt High-Pegel (1). Bei der Dimensionierung der TTL-Schaltungen muß darauf geachtet werden, daß der Einschaltbasisstrom so groß ist,

46

daß der Transistor in die Sättigung ausgesteuert wird [3], dazu muß der Basiseinschaltstrom $I_{B1} > U_{CC}/R_L B_N$ sein (B_N ist der Stromverstärkungsfaktor; z. B. $B_N = 50$).

Ein TTL-NOR-Gatter erhält man ebenso wie ein MOS-NOR-Gatter durch Parallelschaltung der Basistransistoren, die durch die Eingangssignale gesteuert werden.

Bei dem **NOR-Gatter** entsprechend Bild 40 kann nur dann ein Strom fließen, wenn Transistor T_1 o d e r der Transistor T_2 o d e r der Transistor T_3 durch High-Pegel eingeschaltet wird (also durch 1 am Eingang E_1 o d e r am Eingang E_2 o d e r am Eingang E_3). Dadurch entsteht ein Spannungsabfall über dem Lastwiderstand R_L, und der Ausgang A führt Low-Pegel U_{AL} (Ø). Ein **NAND-Gatter** in TTL-Technik wird dagegen anders realisiert als in MOS-Technik. Zur Signalverknüpfung dient ein Vielfachemittertransistor VET entsprechend Bild 41. Wenn am Eingang E_1 u n d am Eingang E_2 u n d am

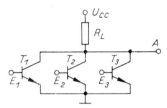

Bild 40. *TTL-NOR-Gatter*

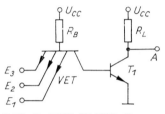

Bild 41. *TTL-NAND-Gatter*

Eingang E_3 ein High-Pegel (1) liegt, dann kann kein Strom über die Emitter fließen. Deshalb fließt ein Strom von der Speisespannungsquelle U_{CC} über den Basisvorwiderstand R_B und den Kollektor-Basis-Übergang des Vielfachemittertransistors VET in die Basis des Invertertransistors T_1 und steuert diesen so aus, daß am Ausgang der gewünschte Low-Pegel liegt. Führt dagegen nur einer der Eingänge E_1, E_2 o d e r E_3 einen Low-Pegel (Ø), so fließt der Strom von der Speisespannungsquelle U_{CC} über R_B und den entsprechenden Basis-Emitter-Übergang nach Masse und nicht in die Basis von T_1. In diesem Fall bleibt also T_1 gesperrt, und am Ausgang liegt High-Pegel (1).

Eine Erhöhung der Schaltgeschwindigkeit erzielt man bei diesen TTL-Gattern, indem der Kollektor-Basis-Übergang der Transistoren mit einer sogenannten Schottky-Diode (das ist eine Metall-Halbleiter-Diode [3]) überbrückt wird. In diesem Fall spricht man dann von **Schottky-TTL.** Der Leistungsverbrauch und die Signalverzögerung können ebenso wie bei der MOS-Technik mit Hilfe der Widerstände R_B und R_L eingestellt werden. Sind diese Widerstände groß, so spricht man von **Low-power-TTL.** In diesem Fall sind aber auch die Signalverzögerungszeiten groß. Die Kombination von Low-power- und Schottky-TTL bezeichnet man als Low-power-Schottky-TTL (oft in den Typen gekennzeichnet durch die zusätzlichen Buchstaben LS) TTL-Schaltkreise werden umfassend eingesetzt. Ein typischer TTL-Logikschaltkreis ist der Schaltkreis 7400. Er enthält 4 NAND-Gatter mit je zwei Eingängen. Die Schaltung entspricht im Prinzip der von Bild 41, nur mit zwei Eingängen E_1, E_2 und einem zusätzlichen, im Bild 41 nicht gezeichneten Gegentakttreiber für das Ausgangssignal.

3.2.2.5. ECL-Technik

Bild 42 zeigt ein **NOR-Gatter** in ECL-Technik (emitter coupled logic). Bei dieser Schaltung wird der Ausgang A durch Umschaltung eines Stromes von einem Referenztransistor T_0 auf die Eingangsverknüpfungstransistoren $T_1 \ldots T_3$ (s. Bild 42) gesteuert. Sind alle Eingangsverknüpfungstransistoren

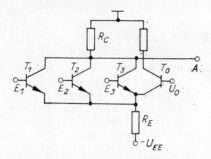

Bild 42. ECL-NOR-Gatter

durch Low-Pegel (Ø) ausgeschaltet, so fließt der Strom durch den Referenztransistor T_0, und am NOR-Ausgang liegt High-Pegel (1). Ist aber T_1 o d e r T_2 o d e r T_3 durch einen der 1 entsprechenden High-Pegel eingeschaltet, so fließt der Strom nicht durch T_0, sondern durch T_1 oder T_2 oder T_3, und am NOR-Ausgang liegt ein der logischen Ø entsprechender Low-Pegel.

Bei diesem Gatter werden die Transistoren nicht übersteuert. Deshalb sind kleine Signalverzögerungszeiten erzielbar. Da stets ein Strom fließen muß, ist allerdings der Leistungsverbrauch größer als bei TTL-Gattern.

3.2.2.6. I²L-Technik

I²L heißt integrierte Injektionslogik, da hier die Stromeinspeisung nicht wie bei allen bisherigen Techniken über einen Widerstand von einer Speisespannungsquelle erfolgt, sondern mit Hilfe von Ladungsträgerinjektion durch einen pnp-Transistor. Ein **I²L-Inverter** ist also entsprechend Bild 43a die Kombination aus einem npn-Bipolartransistor für die Logikverknüpfung und einem pnp-Transistor für die Stromeinspeisung. Bild 43b zeigt die technologische Realisierung eines solchen Gatters. Der pnp-Lateraltransistor ist in Form eines Injektors seitlich an den npn-Transistor angeordnet, wobei die Basis (p-leitendes Gebiet) des npn-Transistors gleichzeitig den Kollektor

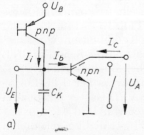
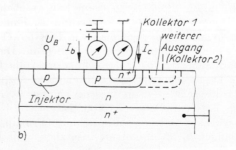

Bild 43. I²L-Inverter

a) Schaltung; b) Querschnitt

48

des pnp-Transistors bildet. Liegt am Eingang eine positive Spannung U_E, die größer als die Einschaltschwelle des npn-Transistors U_{F0} ist, so schaltet dieser Transistor ein, und der Injektorstrom fließt vom pnp-Transistor in die Basis des npn-Transistors. Dadurch wird der obenliegende Kollektor (oder die Kollektoren) des npn-Transistors auf Low-Potential (Ø) gezwungen. Das entspricht also ebenfalls einer Inverterfunktion (1 am Eingang schafft Ø am Ausgang). Umgekehrt bedeutet ein Low-Pegel am Eingang (Ø), daß der Injektorstrom nicht in die betreffende Basis fließen kann, der npn-Transistor bleibt gesperrt, und sein Kollektor ist „frei", d. h., er kann wie das offene Ende eines Schalters von anderen angeschlossenen Elementen auf jedes beliebige Potential gezwungen werden, also z. B. auf 1, wenn nur ein folgender Inverter angeschlossen ist. Auf der Basis solcher I²L-Inverter kann eine sogenannte **verdrahtete (wired) NOR-Logik** realisiert werden, wie das am Beispiel eines NOR-Gatters mit 3 Eingängen im Bild 44 gezeigt ist. Bei diesem

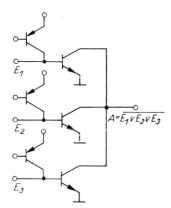

Bild 44. I²L-NOR-Gatter

NOR-Gatter genügt es also, wenn einer der I²L-Inverter durch einen High-Pegel am Eingang eingeschaltet ist, damit der Ausgang auf Low-Pegel gezwungen wird. Also: Am Ausgang A liegt dann ein der logischen Ø entsprechender Low-Pegel, wenn am Eingang E_1 o d e r am Eingang E_2 o d e r am Eingang E_3 ein der logischen 1 entsprechender High-Pegel liegt. Im Bild 43b ist angedeutet, daß ein I²L-Gatter auch mit mehreren Ausgängen (obenliegenden Kollektoren) ausgestattet werden kann. Das erhöht die Flexibilität des Logikentwurfs.

Beim Entwurf von I²L-Schaltkreisen muß beachtet werden, daß im eingeschalteten Zustand eines Inverters d. h. bei High-Pegel am Eingang und Low-Pegel am Ausgang, der npn-Transistor in der Lage sein muß, den Injektorstrom der folgenden Stufe aufzunehmen. Da er im eingeschalteten Zustand selbst als Basisstrom den Injektorstrom seines ihm zugeordneten pnp-Transistors erhält, gilt für die effektive Stromverstärkung

$$\beta_{eff} = \frac{I_c}{I_b} > 1 \qquad (46)$$

(I_c, I_b s. Bild 43b).

Diese effektive Stromverstärkung muß für den Fall, daß die Injektorströme der betrachteten und der folgenden Stufe gleich sind, mindestens 1, besser

eingänge $D_1 \ldots D_N$ auf den einen Ausgang B schaltet (Bild 46). Mit K Steuersignalen kann man einen Multiplexer mit maximal $N = 2^K$ Eingängen realisieren. Mit $K = 2$ lassen sich z. B. 4 Eingänge wechselweise auf einen Bus schalten (s. Bild 47). Die Funktionstabelle eines solchen MUX könnte, wie in Tafel 5 angegeben, aussehen.

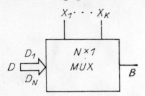

Bild 46. Logiksymbol eines Multiplexers

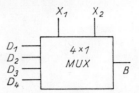

Bild 47. Logiksymbol eines Vierfachmultiplexers

Tafel 5. Funktionstabelle des MUX nach Bild 47

X_2	X_1	B
$\emptyset$	$\emptyset$	D_1
$\emptyset$	1	D_2
1	$\emptyset$	D_3
1	1	D_4

Ein Multiplexer ist damit formal ein kombinatorisches Logiknetzwerk, dessen Logikgleichung aus der Funktionstabelle entnommen werden kann. Umgekehrt bezeichnet man eine Funktionsgruppe, die einen Dateneingang B auf N verschiedene Ausgänge kanalisiert, als Demultiplexer (DEMUX). Bei Verwendung eines Multiplexers am Anfang und eines Demultiplexers am Ende einer Übertragungsleitung B kann man die im Bild 48 dargestellte Datenübertragungsstrecke aufbauen.

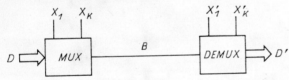

Bild 48. Informationsübertragung verschiedener Daten über eine Leitung mit Hilfe eines Multiplexers und eines Demultiplexers

Einfaches Beispiel eines MUX

Zur Veranschaulichung der allgemeinen Aussagen soll ein einfaches Beispiel dienen: Es soll ein MUX mit einer Steuersignalvariablen X mit der Funktion entsprechend Tafel 6 betrachtet werden.

Tafel 6. Funktionstabelle eines einfachen MUX

X	B
$\emptyset$	D_1
1	D_2

Das heißt: Ist die Steuervariable $X = \emptyset$, so soll die Datenleitung D_1 auf den Bus B geschaltet werden; ist die Steuervariable $X = 1$, so soll die Datenleitung D_2 auf den Bus B geschaltet werden.

Das Logikschaltbild dieses Multiplexers ist im Bild 49 angegeben. Der Leser überprüfe, ob entsprechend Tafel 6 bei Low-Pegel am Steuereingang X $B = D_1$ ist (d. h., der Ausgang B dem Dateneingang D_1 folgt) und ob bei High-Pegel am Steuereingang X $B = D_2$ ist (d. h., der Ausgang B dem Dateneingang D_2 folgt).

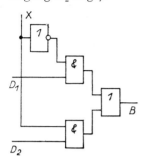

Bild 49. Logikschaltung eines Multiplexers mit 2 Eingängen

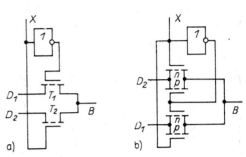

Bild 50. Multiplexer mit Transfergates

a) NMOS; b) CMOS

Alternative Lösungsvarianten mit Schalttransistoren in MOS- und CMOS-Technik sind in den Bildern 50a und b gezeigt. Im Bild 50a wird bei $\overline{X} = 1$, d. h., wenn X Low-Pegel ($\emptyset$) führt, Transistor T_1 eingeschaltet, wodurch der Dateneingang D_1 auf den Ausgang B geschaltet wird. Bei $X = 1$, d. h., wenn X High-Pegel führt, wird Transistor T_2 eingeschaltet, und der Dateneingang D_2 gelangt auf den Ausgang B. Die CMOS-Variante ist im Bild 50b gezeigt.

3.3.3. Dekoder/Enkoder (DEC)

Im Abschnitt 3.2.1. haben wir gesehen, daß bei Binärwörtern mit N bit 2^N Informationen verschlüsselt (kodiert) werden können (z. B. lassen sich bei $N = 3$ 8 Kodewörter $\emptyset\emptyset\emptyset$, $\emptyset\emptyset 1$, $\emptyset 1 \emptyset$, $\emptyset 11$, $1\emptyset\emptyset$, $1\emptyset 1$, $11\emptyset$, 111 bilden). Diese Kodewörter können verschiedene Bedeutung haben (s. Abschnitt 3.2.1. und Tafel 1). Mit jedem Kodewort ist e i n e Information (z. B. e i n Befehl oder e i n e Zahl) verschlüsselt. Ein **Dekoder** in engerem Sinne ist eine Funktionsgruppe, die N Eingangssignale in $M = 2^N$ unikale Ausgangssignale umwandelt (s. Bild 51).

Umgekehrt wird eine Funktionsgruppe, die aus M unikalen Eingangssignalen Kodewörter mit $N = (\text{l d } M)$ bit erzeugt, als **Enkoder** bezeichnet (s. Bild 52). Nun gibt es noch einen dritten Fall, nämlich eine Umwandlung eines Kodewortes in ein anderes Kodewort mit gleicher oder verschiedener Bitanzahl. Ein Beispiel dafür wäre z. B. die Umwandlung eines BCD-Kodes in einen

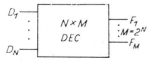

Bild 51. Logiksymbol eines Dekoders

Bild 52. Logiksymbol eines Enkoders

samen MOS-Transistoren ein Strom fließen kann (sofern die entsprechenden X-Leitungen High-Pegel führen) und so infolge des Spannungsabfalls über T_L an Z_3 ein Low-Pegel auftritt.

● Der Leser sei angeregt, zur Übung die Logikgleichungen von Z_1, Z_2, Z_4, Z_5, Z_6 aufzuschreiben.

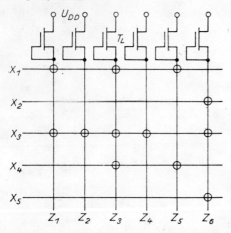

Bild 55. Beispiel einer NOR-Matrix

3.3.4.2. PLA als Funktionsgruppe

Eine vollständige PLA erhält man, wenn dieser NOR-Matrix noch eine weitere NOR-Matrix nachgeschaltet wird, wie das im Bild 56 gezeigt ist. Bei dieser PLA wirken die Z-Signale (NOR-Verknüpfungen von X) als Eingangssignale der 2. NOR-Matrix, deren Ausgangssignale Y nun die NOR-Verknüpfungen der Z-Signale enthalten.

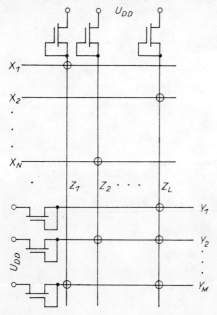

Bild 56. PLA, bestehend aus 2 NOR-Matrizen

56

Je nach Programmierung der beiden Matrizen können an den Ausgängen alle ODER-Verknüpfungen aller UND-Verknüpfungen der Eingangsvariablen X realisiert werden.

Einfaches Beispiel einer PLA

Im Bild 57 ist eine PLA mit $N = 3$, $L = 4$ und $M = 2$ dargestellt.

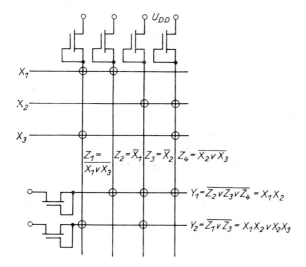

Bild 57. Beispiel einer PLA aus 2 NOR-Matrizen

Folgende Ausgangsfunktionen kann man ablesen:

$$Y_1 = X_1 \cdot X_2 \tag{51}$$

$$Y_2 = X_1 \cdot X_2 \ \lor \ X_2 \cdot X_3. \tag{52}$$

● Der Leser sei aufgefordert, sich das selbst einmal über die Zwischengrößen Z_1 bis Z_4 anhand von Bild 5 herzuleiten.

Mit einer PLA kann man also je nach Wahl der Kreuzungsstellen in einer Matrix, an denen MOS-Transistoren wirksam werden sollen, beliebige ODER- und UND-Verknüpfungen erzielen. Da die Festlegung der wirksamen Transistoren, d. h. die Programmierung, in der Regel nur mit einer Schablonenebene erfolgt, sind Änderungen im Logikentwurf leicht auszuführen. PLAs sollten deshalb überall dort, wo es (aus Platzgründen) möglich ist, angewendet werden. Da eine PLA auch eine Reihe unwirksamer (redundanter) Transistoren enthält, ist der Flächenverbrauch natürlich größer als der einer gut entworfenen Random-Logik mit gleicher Funktion.

Bei einer großen Anzahl von Eingangs- und Ausgangssignalen ist die Programmierung „von Hand" nicht mehr effektiv. Deshalb sind entsprechende Programmsysteme entwickelt worden, die dem Entwerfer zur Verfügung stehen [27]. In ein solches Programm werden die Logikverknüpfungen der Eingangsvariablen an den M Ausgängen eingegeben, und das Programm gibt gleich das fertige Layout der PLA aus [28].

PLA- bzw. NOR-Matrizen sind wesentliche Konstruktionselemente integrierter Schaltkreise als Dekoder, ROM, Befehlsdekoder u. a.

ist dann die dazugehörige Wahrheitstabelle. Entsprechend dem Abschnitt 3.2.1.2. wird dann die Wahrheitstabelle 9 durch folgende Logikgleichungen (Schalterfunktionen) realisiert:

$$s_i = \bar{c}_{i+1} \, (a_i \lor b_i \lor c_i) \lor a_i b_i c_i = a_i \oplus b_i \oplus c_i \tag{59}$$

mit

$$c_{i+1} = a_i \cdot b_i \lor c_i \, (a_i \lor b_i) . \tag{60}$$

● Der Leser sei aufgefordert, diese Gleichungen anhand von Tafel 9 herzuleiten.

Die Gln. (59) und (60) werden durch die MOS-gerechte Logikschaltung (Schaltnetzwerk) im Bild 59a realisiert. Wir verwenden aber für alles Folgende nur das Blockschaltbild des Bildes 59b.

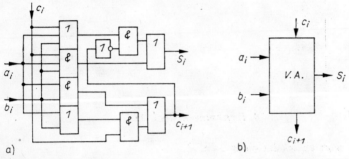

a)   b)

Bild 59. Logikschaltung (a) und Logiksymbol (b) eines Volladders

Einfaches Beispiel einer ALU

Die von uns zu entwerfende ALU habe nur die 2 Steuersignalvariablen $S_1 \, S_2$ und soll die Funktionen entsprechend Tafel 10 ausführen.

Tafel 10. Funktionstabelle einer sehr einfachen ALU

S_2	S_1	C_i	F	
$\emptyset$	$\emptyset$	$\emptyset$	$A + B$	
$\emptyset$	$\emptyset$	1	$A + B + 1$	arithmetischer Teil
$\emptyset$	1	$\emptyset$	$A - B - 1$	
$\emptyset$	1	1	$A - B$	
1	$\emptyset$	X	$\bar{A}$	logischer Teil
1	1	X	$A \cdot B$	

Betrachten wir zunächst den arithmetischen Teil und hier wiederum nur eine Zifferstelle i, so kann die Realisierung mit dem oben beschriebenen Volladder mit $F_i = s_i$ erfolgen. Bei den Subtraktionen ($S_2 = \emptyset$, $S_1 = 1$) ist zu beachten, daß der Operandeneingang b_i negiert werden muß. Die Negation ist erforderlich, da entsprechend Abschnitt 3.2.1.3. die Subtraktion auf eine Addition mit dem Zweierkomplement zurückgeführt werden kann.

Die Logikgleichungen für die Eingänge a_i und b_i des Volladders lauten also allein für die Arithmetik

$$a_i = A_i \tag{61}$$

$$b_i = B_i \bar{S}_1 \lor \bar{B}_i S_1 = B_i \oplus S_1 . \tag{62}$$

Probe: Ist $S_1 = 0$ (bei Additionen), so gilt entsprechend (62)

$b_i = B_i$.

Ist $S_1 = 1$ (bei Subtraktionen), so gilt entsprechend (62)

$b_i = \bar{B}_i$.)

Die Schaltungsrealisierung ist im Bild 60a gezeigt.

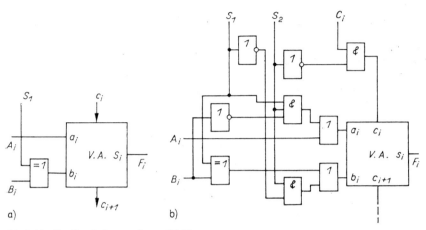

Bild 60. Logikschaltung einer ALU

a) nur arithmetische Operationen
b) arithmetische und logische Operationen

Werden nun noch zusätzlich die Logikverknüpfungen berücksichtigt, so muß zunächst bei $S_2 = 1$ entsprechend Tafel 10 der Übertrag unwirksam gemacht werden. Das geschieht durch UND-Verknüpfung mit dem negierten Signal $\bar{S}_2$, also

$$c_i = C_i \, \bar{S}_2 \qquad (63)$$

(s. Bild 60b).

Die Logikgleichung für die Summe $F_i = s_i$ bei $C_i = 0$ (s. (59)) lautet

$$F_i = (\bar{a}_i \vee \bar{b}_i)(a_i \vee b_i) = \bar{a}_i b_i \vee \bar{b}_i a_i = a_i \oplus b_i \ . \qquad (64)$$

Bei logischen Operationen ($S_2 = 1$) muß eine zusätzliche Modifikation der Volladdereingänge a_i, b_i vorgenommen werden, so daß aus (64) die gewünschte Logikfunktion folgt.

Zunächst muß für $S_2 S_1 = 1\emptyset$ gemäß Tafel 10 $F_i = \bar{A}_i$ sein. Dazu müßte $b_i = 1$ gesetzt werden. Zusammen mit (62) für die Arithmetik lautet nun die Logikgleichung für b_i

$$b_i = (B_i \oplus S_1) \vee \bar{S}_1 \, S_2 \ . \qquad (65)$$

Weiterhin muß für $S_2 S_1 = 11$ gemäß Tafel 10 $F_i = A_i \cdot B_i$ sein. Dazu müßte unter Beachtung von (64) und (65) zusätzlich

$$a_i = A_i \vee \bar{B}_i \qquad (66)$$

sein.

61

Im Bild 65 ist ein solcher Registerblock (Speicher) mit 4 Registern zu je 8 bit mit allen Steuerleitungen und Signalleitungen symbolisch dargestellt. Wenn z. B. das am Eingang des Blockes anliegende Wort $D_8 \ldots D_1$ in das Register 3 geschrieben werden soll, so müssen $L=1$ und $A_3=1$ sein. Soll z. B. ein Wort aus Register 1 gelesen werden, so müssen $A_1=1$ und $E=1$ sein.

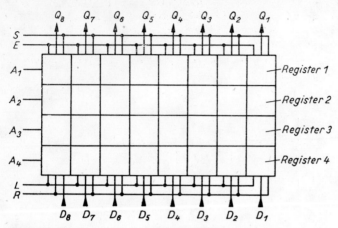

Bild 65. Logiksymbol eines Registerblockes

A Adresse; L load, write; E enable, read; R reset, clear; S set, preset

3.3.6.2. Schieberegister

Schieberegister haben gegenüber gewöhnlichen Speicherregistern noch eine zusätzliche Funktion. Sie können nämlich die Information von Registerzelle zu Registerzelle verschieben. Dazu ist ein besonderer Flipflop, der sog. Master-Slave-Flipflop, nötig. Im Bild 66a ist ein Master-Slave-Flipflop gezeigt. Er besteht aus 2 D-Flipflops entsprechend Bild 62 (hier ist der Ladeeingang gleich dem Verschiebetaktimpuls cp)[1]. Die Funktion wird mit dem

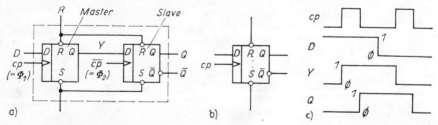

Bild 66. Master-Slave-Flipflop

a) Logikschaltung; b) Logiksymbol; c) Taktdiagramm

Taktdiagramm im Bild 66c deutlich: Wir nehmen an, daß der Ausgangszustand $Y=\emptyset$ und $Q=\emptyset$ ist und am Eingang das Datensignal $D=1$ liegt. Während der positiven Flanke von cp ($\emptyset \rightarrow 1$) wird $D=1$ an den Eingang des Masters (Meister) übernommen und setzt dessen Ausgang auf $Y=1$. In den

[1] Vereinfachte MOS-Schaltungsvarianten werden wir anhand von Bild 71 kennenlernen.

Slave (Sklave) kann $Y = 1$ aber noch nicht übernommen werden, da dessen Ladetakteingang mit dem negierten cp-Signal $\overline{cp}$ aktiviert wird.

Erst auf der abfallenden Flanke von cp (d. h. der ansteigenden Flanke von $\overline{cp}$) wird $Y = 1$ in den Slave übernommen und setzt diesen auf $Q = 1$. Bei $D = \emptyset$ ist der Vorgang analog.

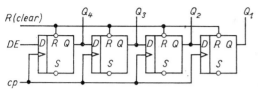

Bild 67. *Logikschaltung eines 4-bit-Schieberegisters*

Schaltet man solche Flipflops in Kette, wie es Bild 67 zeigt, so kann die am seriellen Dateneingang DE liegende Information beim ersten Taktimpuls in den ersten Flipflop, beim zweiten Taktimpuls in den zweiten Flipflop usw. „geschoben" werden. Während des 2. Taktimpulses kann von DE aus die erste Registerzelle bereits wieder mit einer neuen Information geladen werden usw.

Wollen wir das 4-bit-Register des Bildes 67 mit dem Binärwort $D_4 D_3 D_2 D_1 = 1101$ seriell laden, so muß im 1. Takt cp $D_1 = 1$ über DE in die 1. Zelle geladen werden. Im 2. Takt wird D_1 in die 2. Zelle geladen. Gleichzeitig gelangt über DE $D_2 = \emptyset$ in die 1. Zelle. Im 3. Takt werden D_1 und D_2 um eine Zelle weitergeschoben, und über DE wird $D_3 = 1$ in Zelle 1 gelesen. Im 4. Takt werden D_1 bis D_3 um je eine Zelle weitergeschoben, und über DE wird $D_4 = 1$ in die erste Zelle eingelesen (s. dazu auch Bild 68). Das Schieberegister kann auch über die Setzeingänge S parallel geladen werden. Eine entsprechende Schaltung zeigt Bild 69. Bei Aktivierung des Parallelladesteuersignals mit $L = 1$ werden die Flipflopzellen des Schieberegisters mit den Datensignalen $D_4 \ldots D_1$ gleichzeitig (parallel) geladen. Vor dem Laden ist durch Aktivierung von R (clear) das Register in allen Zellen zurückzusetzen (auf $\emptyset$).

Anwendungen des Schieberegisters sind somit u. a. die Parallel-Serien- und die Serien-Parallel-Wandlung. Beim **Serien-Parallel-Wandler** wird das Daten-

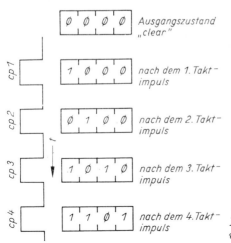

Bild 68. *Veranschaulichung des Schiebevorgangs in einem Schieberegister*

wort Bit für Bit über den seriellen Eingang eingelesen und erscheint dann bei einem N-bit-Datenwort nach N Taktimpulsen cp an den Ausgängen Q. Beim **Parallel-Serien-Wandler** wird das Datenwort entsprechend Bild 69 über die Setzeingänge parallel geladen und dann über den Ausgang Q_1 seriell „ausgeschoben".

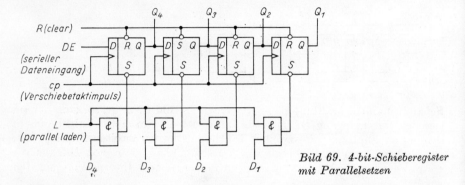

Bild 69. 4-bit-Schieberegister mit Parallelsetzen

Weitere Anwendungen von Schieberegistern sind **Zähler, Takt- und Bitmustergeneratoren.** In diesen Fällen wird über den seriellen Dateneingang DE das Ergebnis einer Logikverknüpfung der Ausgangssignale $Q_1 \ldots Q_N$ in das Register eingeschoben. Dieses Prinzip ist im Bild 70 gezeigt.

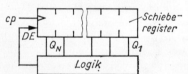

Bild 70. Logikschaltung (Prinzip) eines Schieberegisterzählers

● Es sei dem Leser empfohlen, einmal das Logikgatter zu bestimmen, das notwendig ist, wenn im gesamten Schieberegister stets nur eine einzige 1 umläuft

Ein Schieberegister mit „umlaufender 1" kann zur Erzeugung eines Mehrphasentaktes verwendet werden, wie er zur Steuerung von dynamischen Schaltungen erforderlich ist (z. B. im Bild 71b). Die Taktimpulse, die den

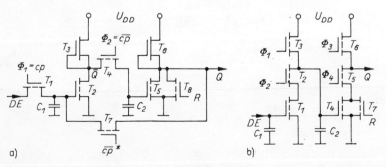

Bild 71. Schieberegisterzellen in MOS-Technik

a) Master-Slave-Zelle mit dynamischer Übernahme; b) dynamische 4-Phasen-Zelle

Ausgängen der Schieberegisterzelle entnommen werden, sind zwangsläufig zeitlich gegeneinander verschoben. Schieberegister sind sehr vorteilhaft, weil sie wenig Fläche benötigen und wie Synchronzähler wirken.
Eine im Gegensatz zum Bild 66 vereinfachte MOS-Schaltung eines Master-Slave-Flipflops ist im Bild 71a gezeigt. Diese Schaltung nutzt — wie auch schon die Latchzelle im Bild 62 — die kurzzeitige Ladungsspeicherung auf Knotenkapazitäten aus. Deshalb bestehen Master und Slave hier jeweils nur aus einem Inverter.
Eine weitere dynamische Schieberegisterzelle zeigt Bild 71b. Es handelt sich hier um eine 4-Phasen-Zelle. Sie wird von den 4 aufeinanderfolgenden, nicht-überlappenden Taktimpulsen Φ_1 bis Φ_4 gesteuert (Erzeugung des Mehrphasentaktes s. o.). Die Funktion ist wie folgt:
Führt Φ_1 High-Pegel, so wird T_3 eingeschaltet und die Knotenkapazität C_2 auf Betriebsspannung vorgeladen. Danach erhält Φ_2 High-Pegel, und T_2 schaltet ein. C_2 wird nun entladen, wenn auch am seriellen Dateneingang DE High-Pegel (1) liegt (T_1 ist dann eingeschaltet, und über T_2 und T_1 besteht eine leitende Verbindung nach Masse). Liegt dagegen an DE Ø, so bleibt der Knoten aufgeladen, da T_1 ausgeschaltet ist. Nach Φ_2 erhält Φ_3 High-Pegel, wodurch über T_6 die Ausgangsknotenkapazität C_1 des anschließenden Gatters auf U_{DD} vorgeladen wird. Schließlich erhält Φ_4 High-Pegel, wodurch T_5 einschaltet. Lag $DE = 1$ vor, so ist C_2 entladen, und der Ausgangsknoten bleibt aufgeladen (entspricht 1). Lag $DE = Ø$ vor, so ist C_2 geladen. Deshalb wird über T_5 und T_4 C_1 entladen, und am Ausgang liegt Ø. Diese Schaltung benötigt keine Verlustleistung, da zu keiner Zeit eine leitende Verbindung nach Masse besteht. Lediglich zum Umladen der Kapazitäten wird dynamische Leistung benötigt.
Läßt man in der Master-Slave-Zelle nach Bild 71a den Rückführungstransistor T_7 weg, so erhält man eine vereinfachte dynamische Schieberegisterzelle mit 2 Takten und Gleichstrompfad (diese benötigt statische Verlustleistung).

3.3.7. Zähler und Teiler

Grundelemente jedes Zählers bzw. Teilers sind T-Flipflops, JK-Flipflops bzw. Schieberegister mit Logik (s. Abschnitt 3.3.6.2.). Der **T-Flipflop** hat die Eigenschaft, mit seinem Eingang T den Ausgangszustand Q entweder beim Ansteigen von T (Ø → 1, positive Flanke) oder beim Abfallen von T (1 → Ø, negative Flanke) zu ändern. Ein mit positiver Flanke getriggerter T-Flipflop arbeitet dann entsprechend Tafel 11.
Bild 72 zeigt das dazugehörige Logiksymbol und das Taktdiagramm. Man sieht, daß der Ausgangsimpuls Q nur die halbe Frequenz des Eingangsimpulses T hat. Schaltet man N solcher T-Flipflops in Kette, so erhält man einen N-stelligen Asynchronzähler (ripple counter). Im Bild 73 ist als Beispiel

Tafel 11. Funktionstabelle eines T-Flipflops

T_n	→	T_{n+1}	Q_{n+1}
Ø		1	$\overline{Q}_n$
1		Ø	Q_n

ein 3stelliger asynchroner Binärzähler gezeigt. Die Funktion ist folgende: Wie wir bereits anhand von Bild 72b gesehen haben, schaltet der Ausgang Q_A stets auf der positiven Flanke von T um. Q_A hat also nur noch 1/2 der Frequenz von T.

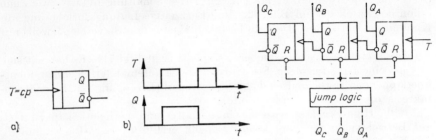

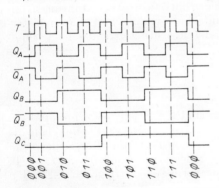

Bild 72. Logiksymbol (a) und Taktdiagramm (b) eines T-Flipflops

Bild 73. Logikschaltung eines Binärzählers mit Rücksetzlogik

Nun ist der negierte Ausgang $\overline{Q_A}$ mit dem T-Eingang der folgenden Stufe verbunden. Das bedeutet, daß der Flipflop B nur auf der positiven Flanke von $\overline{Q_A}$ schaltet (s. Bild 74). Q_B erhält damit nur noch 1/2 der Frequenz von $\overline{Q_A}$ bzw. 1/4 der Frequenz von T. Auf die gleiche Art ist nun die 3. Stufe C (mit ihrem Eingang T) mit dem negierten Ausgang $\overline{Q_B}$ verbunden und schaltet damit nur auf der positiven Flanke von $\overline{Q_B}$. Q_C hat dann noch 1/2 der Frequenz von $Q_B \cdot$ 1/4 der Frequenz von Q_A und 1/8 der Frequenz von T (s. Bild 74), womit die **Teilerfunktion** nachgewiesen ist.

Bild 74. Veranschaulichung der Funktion eines Binärzählers

Am Ausgang der 3. Stufe Q_C liegt ein Impuls mit $1/2^3 = 1/8$ der Frequenz des Eingangsimpulses T an. Bei N Stufen ergibt sich damit ein $1 : 2^N$-Teiler!

Bei der **Zählerfunktion** wird nicht nur (wie beim Teiler) der höchstwertige Ausgang verwendet, sondern alle Ausgänge Q_A, Q_B, Q_C, ... Für die Zustände dieser Ausgänge können wir für aufeinanderfolgende Taktimpulse T das in Tafel 12 aufgeführte Zählschema unseres 3stufigen Zählers aus Bild 74 ablesen.

Man sieht, daß unser Zähler binär von Ø bis 7 zählt, d. h., an den Ausgängen erschienen nach jeweils positiven Flanken von T (Ø → 1) nacheinander die binär verschlüsselten Zahlen Ø bis 7.

Tafel 12. *Zählschema des 3stufigen Binärzählers nach Bild 74*

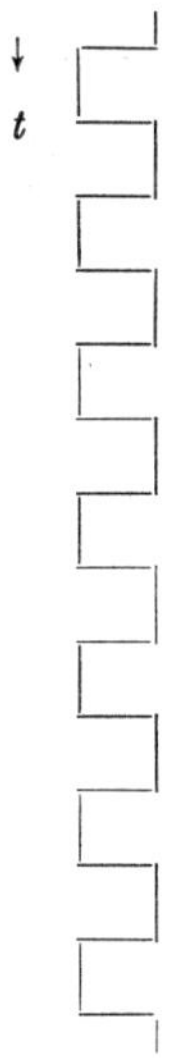

$T_n \to T_{n+1}$		Q_C	Q_B	Q_A	
		Ø	Ø	Ø	← Ausgangszustand $=0$
Ø	1	Ø	Ø	1	1
1	Ø	Ø	Ø	1	
Ø	1	Ø	1	Ø	2
1	Ø	Ø	1	Ø	
Ø	1	Ø	1	1	3
1	Ø	Ø	1	1	
Ø	1	1	Ø	Ø	4
1	Ø	1	Ø	Ø	
Ø	1	1	Ø	1	5
1	Ø	1	Ø	1	
Ø	1	1	1	Ø	6
1	Ø	1	1	Ø	
Ø	1	1	1	1	7
Ø	1	Ø	Ø	Ø	Ausgangszustand

Nun kann aber unser Zähler auch für andere Zählmoden, z. B. von Ø bis 5, eingesetzt werden. Dazu verwendet man, wie es im Bild 73 gestrichelt gezeigt ist, zusätzliche Rücksetzeingänge R an den T-Flipflops (s. auch Bild 62b), die bei Aktivierung (z. B. mit dem High-Pegel) die Flipflops auf Ø zurücksetzen. Steuert man diese Eingänge mit einer geeigneten Logikverknüpfung (jump logic) aus den Ausgängen Q_A, Q_B, Q_C (aktueller Zählerstand!), so kann man den Zähler beim gewünschten Zählerstand auf Ø zurücksetzen und ihn dadurch zwingen, nach diesem Rücksetzen mit dem Zählen (von Ø an) erneut zu beginnen. Wollen wir z. B. aus unserem 3stufigen Zähler einen Zähler von Ø bis 5 machen (gleichbedeutend damit ist ein 1 : 6-Teiler-sechs Ø → 1-Flanken am T erzeugen eine Ø → 1-Flanke an Q_C), so muß das Reset-Signal R bei Q_C, Q_B, $Q_A = 1$Ø$1 \triangleq 5$ generiert werden. Das heißt, die Rücksetzlogik muß die folgende Funktion

$$R = Q_C \, \bar{Q}_B \, Q_A = \overline{\bar{Q}_C \vee Q_B \vee \bar{Q}_A} \qquad (67)$$

realisieren.

Da der oben beschriebene Zähler stets bei Ø anfängt, bezeichnet man ihn als **Vorwärtszähler.**

Wollen wir jedoch einen Zähler realisieren, der vom Zählerstand $Q_C Q_B Q_A =$ 111 rückwärts (also nacheinander 111, 11Ø, 1Ø1 usf.) zählt, so können wir das bei unserem Zähler im Bild 73 einfach dadurch erreichen, daß wir nicht den negierten, sondern den nichtnegierten Ausgang Q des vorhergehenden Flipflops mit dem T-Eingang des jeweils folgenden Flipflops verbinden. (Beim T-Flipflop in TTL-Technik ist es infolge des low-aktiven T-Eingangs gerade umgekehrt, das heißt, der Ausgangszustand Q ändert sich bei der 1 → Ø-Flanke von T.)

● Es sei dem Leser empfohlen, die Richtigkeit dieser Aussage nachzuweisen.

Nun ist noch die Frage zu klären, wie ein solcher T-Flipflop schaltungstechnisch realisiert werden kann. Am naheliegendsten ist die Verwendung
eines JK-Flipflops, bei dem durch einen zusätzlichen Takteingang T die
J- und K-Signale nur auf einer Flanke des T-Impulses im Inneren wirksam
werden. Einen solchen Flipflop nennt man taktflankengetriggert (diese
Funktion führt z. B. auch ein Master-Slave-Flipflop aus, s. dazu [3]). Einen
taktflankengetriggerten JK-Flipflop (JK-Master-Slave-Flipflop s. [3]) kann
man zu einem T-Flipflop einfach dadurch umfunktionieren, daß man den
Takteingang als T-Eingang verwendet und J und $K=1$ setzt (s. Bild 75a).
Gemäß [3] ändert ein JK-Flipflop bei der Belegung $J=1$, $K=1$ stets seinen
Zustand!

Bild 75. T-Flipflop

a) realisiert mit JK-Flipflop; b) realisiert mit D-Flipflop

Eine weitere Möglichkeit der Realisierung eines T-Flipflops ist die Verwendung eines taktflankengetriggerten (bzw. Master-Slave-) D-Flipflops (s.
Bild 75b).

Eine einfache MOS-Schaltung, die die kurzzeitige Ladungsspeicherung auf
Knotenkapazitäten nutzt, zeigt Bild 76.

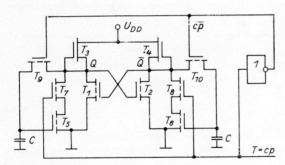

Bild 76. MOS-Schaltung eines
T-Flipflops

In der Taktlücke $\overline{T}$ werden die Gates der Transistoren T_5, T_6 entsprechend
dem Zustand Q_n über T_9 bzw. T_{10} vorgeladen. Wird das T-Signal $=1$ (High-
Pegel), so kippt der Flipflop stets in den entgegengesetzten Zustand $Q_{n+1}=$
$\overline{Q}_n$: War z. B. $Q_n=1$, so wurde das Gate von T_5 (und nicht das von T_6)
aufgeladen und schaltet ein. Bei $T=1$ wird auch T_7 eingeschaltet und damit
der Q-Knoten auf Low-Pegel ($=\emptyset$) gezwungen, d. h., es wird $Q_{n+1}=\overline{Q}_n=\emptyset$ (es
existiert über T_5 T_7 eine leitende Verbindung nach Masse).

● Der Leser sei aufgefordert, als Übung ausgehend von $Q_n=\emptyset$ nachzuweisen,
daß der Flipflop bei der $\emptyset\rightarrow1$-Flanke von T auf $Q_{n+1}=1$ schaltet.

Der Nachteil solcher Asynchronzähler ist, daß der Eingangsimpuls T erst
seriell alle Stufen durchlaufen muß, bevor die höchstwertige Stufe schalten
kann und damit der richtige Zählerstand am Ausgang vorliegt.

Diesen Nachteil beseitigen **Synchronzähler**. Sie werden mit JK-Flipflops (taktflankengetriggert bzw. Master-Slave) realisiert. Die J- und K-Eingänge werden mit logischen Verknüpfungen der Zählerausgänge (Überträge) angesteuert. Die Takteingänge werden parallel an das Taktsignal T gelegt [9]. Die Logikverknüpfungen müssen je nach dem gewünschten Zählmodus entworfen werden. Der Entwurf eines Synchronzählers ist damit im wesentlichen der Entwurf der „Übertragslogik" [9].[1]

3.3.8. Steuerwerke

Bisher haben wir die wichtigsten Funktionseinheiten hochintegrierter Prozessorschaltkreise kennengelernt. Zur Steuerung dieser Funktionseinheiten sind **Mikrooperationssignale** notwendig, z. B.

– Enable - Signale E zur Aktivierung von Ausgängen der Funktionseinheiten
– Load-Signale L zum Aktivieren von Eingängen der Funktionseinheiten
– Steuersignale S für die Festlegung des Operationsmodus von arithmetisch-logischen Einheiten
– Steuersignale X für Multiplexer zur Kanalisierung der Daten auf Bussystemen.

Damit der gesamte Schaltkreis (d. h. die Datenverarbeitung auf dem Schaltkreis) richtig funktioniert, müssen von einem Steuerwerk diese Mikrooperationssignale in der richtigen zeitlichen Reihenfolge erzeugt werden.

Das Steuerwerk ist damit eine äußerst wichtige Funktionseinheit, die das innere funktionelle Zusammenwirken der Funktionseinheiten des gesamten Schaltkreises bestimmt. Dies ist im Bild **77** veranschaulicht. Der Prozessor nach Bild **77** besteht aus den Funktionseinheiten, die wir bisher besprochen

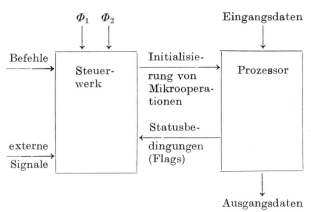

Bild 77. Zusammenwirken eines Prozessors mit einem Steuerwerk

haben. Das Steuerwerk erhält als Eingangssignale neben dem „Muttertakt" Φ_1, Φ_2 des Systems **Befehlssignale** (die den Algorithmus zur Abarbeitung eines Datenverarbeitungsproblems – z. B. Addition, Verschiebung u. a. m. – festlegen), **externe Signale** (das sind z. B. Befehle oder Systemsteuersignale, die von anderen Schaltkreisen ausgesendet werden) und **Statusbedingungen**

---

[1]) JK-Flipflops sind für einen bestimmten Zählmodus, T-Flipflops gemäß Bild 76 dagegen bevorzugt als binäre Teiler einzusetzen. PLA+Register (s. z. B. Bild 78) ergeben Zähler mit beliebigem Zählmodus

(z. B. Vorzeichen eines Ergebnisses). Als Ausgangssignale erzeugt das Steuerwerk Signale zur Initialisierung von Mikrooperationen.

Für die Realisierung eines Steuerwerkes gibt es zahlreiche Varianten [11]. Für LSI- und VLSI-Schaltkreise kommt zum Beispiel die im Bild 78 gezeigte Möglichkeit mit PLA ·und Registern in Frage (das Prinzip der Mikroprogrammsteuerung ist zu dieser Steuerwerkvariante äquivalent!).

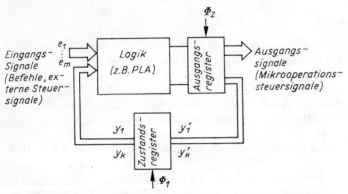

Bild 78. Prinzip der PLA-Realisierung eines Steuerwerkes

Von der PLA werden die Mikrooperationssignale ($L \triangleq$ load, $E \triangleq$ enable, $S \triangleq$ Funktionssteuerung, $A \triangleq$ Adressen, $X \triangleq$ Datenwegsteuerung u. a.) und die Signale für den nächsten Zustand erzeugt. Diese Zustandssignale werden im nächsten Takt über das Zustandsregister an den Eingang der PLA geschaltet und ermöglichen so den sequentiellen Charakter des Steuerwerkes. Hat das Zustandsregister N bit, so kann das Steuerwerk in 2^N Zustände geschaltet werden. Die Programmierung der PLA erfolgt, nachdem die Systemarchitektur des Prozessors und damit auch die Mikrooperationssignale festliegen.

Einfaches Beispiel für ein Steuerwerk

Wir betrachten ein Steuerwerk mit 3 Eingangssignalen e_1, e_2, e_3 (dies können z. B. Befehlssignale sein) und 4 Ausgangssignalen $a_1 \ldots a_4$ (Mikrooperationssteuersignale) für einen Prozessor mit 4 Zuständen $Z_0 \ldots Z_3$. Zur Kennzeichnung der Zustände gilt der folgende Binärkode

$$Z_0: y_1 y_2 = \text{ØØ} \; ; \quad Z_1: y_1 y_2 = \text{Ø1} \; ; \quad Z_2: y_1 y_2 = \text{1Ø} \; ; \quad Z_3: y_1 y_2 = 11. \quad (68)$$

Die Funktion des zu steuernden Prozessors wird durch den Zustandsgrafen im Bild 79a charakterisiert.

Daraus läßt sich die Funktionstabelle unseres Steuerwerkes entsprechend Tafel 13 ablesen.

Die dazugehörige PLA-Belegung (s. Bild 79b) erhalten wir einfach dadurch, daß wir in der linken NOR-Matrix immer dann an den Kreuzungen von den Signalleitungen e_1, e_2, e_3, y_1, y_2 mit den Produkttermleitungen 1 ... 8 einen MOS-Transistor (Kreis) vorsehen, wenn in Tafel 13 eine Ø angegeben ist. Wenn in Tafel 13 bei e_1, e_2 oder e_3 eine 1 erscheint, müssen Transistoren (Kreise) an den Kreuzungen der negierten Signalleitungen e_1, e_2, e_3 mit den Produkttermleitungen 1 ... 8 realisiert werden.

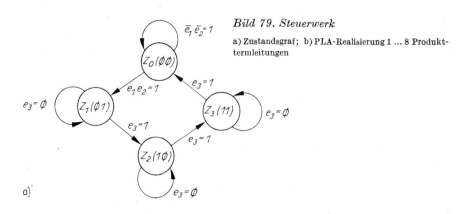

Bild 79. Steuerwerk

a) Zustandsgraf; b) PLA-Realisierung 1 ... 8 Produkt-termleitungen

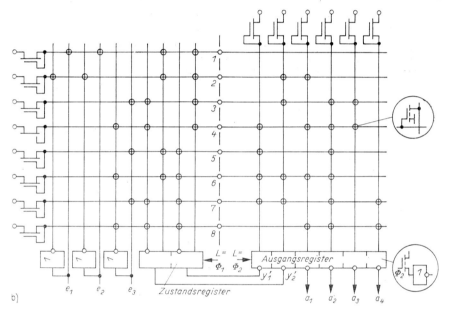

b)

Tafel 13. Funktionstabelle des Steuerwerkes nach Bild 79

Produkt-term Nr.	Eingangssignale			Aktueller Zustand		Nächster Zustand		Ausgangssignale			
	e_1	e_2	e_3	y_1	y_2	y_1'	y_2'	a_1	a_2	a_3	a_4
1	Ø	Ø	x	Ø	Ø	Ø	Ø	Ø	Ø	Ø	Ø
2	1	1	x	Ø	Ø	Ø	1	1	Ø	Ø	Ø
3	x	x	Ø	Ø	1	Ø	1	Ø	1	1	Ø
4	x	x	1	Ø	1	1	Ø	1	1	1	Ø
5	x	x	Ø	1	Ø	1	Ø	Ø	1	Ø	Ø
6	x	x	1	1	Ø	1	1	1	1	Ø	Ø
7	x	x	Ø	1	1	1	1	Ø	1	Ø	1
8	x	x	1	1	1	Ø	Ø	1	1	Ø	1

In der rechten NOR-Matrix der PLA muß immer dann an den Kreuzungen der Signalleitungen y_1', y_2', a_1, a_2, a_3, a_4 mit den Produkttermleitungen ein Transistor (Kreis) vorgesehen werden, wenn in Tafel 13 eine 1 angegeben ist.

Das Zusammenwirken des Steuerwerkes mit den übrigen Baugruppen eines Mikroprozessorschaltkreises wird noch einmal im Zusammenhang im Abschnitt 3.6.2. erläutert. (Weitere Beispiele für Steuerwerkrealisierungen s. Aufgaben 14 und 15.)

3.3.9. Eingangs- und Ausgangsschaltungen

Bisher hatten wir die Grundschaltungen und Funktionseinheiten, die im Inneren eines Schaltkreises wirken, behandelt. Nach außen erfolgt der Anschluß des Schaltkreises über sogenannte Pins. Für ihren Anschluß an äußere Schaltungen sind Schutz- und Anpassungsschaltungen erforderlich.

Zunächst müssen alle **Eingänge** eines MOS-Schaltkreises mit Schutzschaltungen versehen werden, um die Zerstörung der Transistoren am Eingang durch Überspannungen zu verhindern (Gatedurchbruch, z. B. durch parasitäre Aufladung bei Berührung). Eine Schutzschaltung in der Standard-NMOS-SGT zeigt Bild 80. Der MOS-Transistor wirkt hier praktisch wie eine

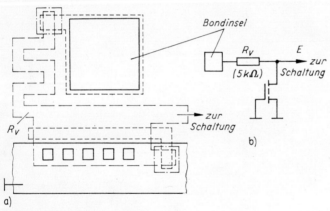

Bild 80. Eingangsschutzschaltung
a) Layout; b) Schaltung

Diode, die bei einer bestimmten Spannung U_{max} durchbricht. Der Spannungsabfall über dem Widerstand R_V verhindert dann eine weitere Spannungserhöhung am Eingang E der Schaltung. (Entwurfsregeln für Layout Bild 80b s. Abschnitt 3.5.).

Bei der Zusammenschaltung von verschiedenen Schaltkreisen hat sich die sogenannte „TTL-Kompatibilität" zum Standard entwickelt. Aus der Standardtransferkennlinie des Bildes 81 können die Anforderungen an die Eingangsschaltung ermittelt werden. Am einfachsten ist das mit einem Inverter (s. Bild 82a) möglich, der ein Verhältnis der Transistorgrößen von

$$\alpha = (b/L)_{\text{Basis}}/(b/L)_{\text{Last}} = 50 \dots 100 \tag{69}$$

besitzt. (Je größer b/L ist, desto kleiner ist der Kanalwiderstand, vgl. Abschnitt 3.2.2.).

Will man die Störsicherheit gegenüber Schwankungen des Low-Pegels am Eingang erhöhen, so kann man vor das Gate von T_1 einfach noch einen MOS-Transistor in Reihe schalten, über dem ein Spannungsabfall von U_p (U_p Schwellspannung) entsteht. Das vermindert aber auch andererseits den am Gate von T_1 wirksamen High-Pegel, was durch weiteres Vergrößern von α ausgeglichen werden kann.

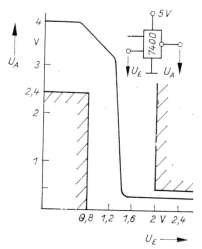

Bild 81. TTL-Transferkennlinie

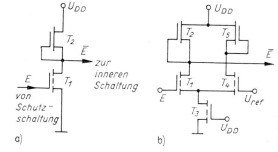

Bild 82. MOS-Eingangsschaltungen zur TTL-Pegelanpassung

Eine aufwendigere, jedoch präzisere Eingangsschaltung zeigt das Bild 82b. Hier erfolgt das Umschalten in einem Bereich von wenigen 100 mV um die Referenzspannung U_{ref}.

Am **Ausgang** muß ebenfalls TTL-Kompatibilität hergestellt werden. Das bedeutet auch, daß relativ große Ströme geliefert werden müssen (für eine TTL-Last etwa 1 mA bei $U_{AL}=0{,}4$ V). Die Standardschaltung ist die im Bild 83a gezeigte Gegentaktausgangsstufe, die z. B. von 2 Superbuffern getrieben wird.

Im Bild 83a ist zusätzlich durch die Anschaltung der Transistoren T_5 und T_{10} die Einknüpfung des CE-(chip-enable-)Signals gezeigt. Führt es Low-Pegel, d. h., das negierte $\overline{CE}$-Signal führt High-Pegel, so werden beide Gates der Ausgangtreibertransistoren T_{11} und T_{12} auf Low-Pegel gezwungen, wodurch sich die gesamte Stufe vom Ausgang (z. B. von einem Datenbus) abschaltet.

Für Stromverbraucher, z. B. LED-Displays, werden am Ausgang die im Bild 83b gezeigten Open-drain-Ausgänge verwendet.

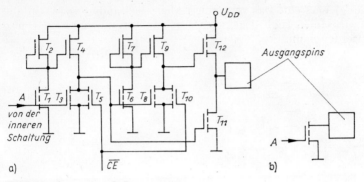

Bild 83. Ausgangsschaltungen

a) Gegentaktstufe; b) Open-drain-Stufe

3.4. Gatearrays

Im Abschnitt 3.3. haben wir die Wirkungsweise und den Entwurf von Standardzellen (Registerzellen, Logikgatter) bzw. von Makrozellen (DEC, MUX, ALU, PLA u. a.) behandelt. Solche Standard- und Makrozellen sind heutzutage bereits vorentworfen und in Bibliotheken gespeichert. Sie können vom Entwerfer ausgewählt, auf dem Chip plaziert und untereinander verbunden werden. Für die Plazierung und Verdrahtung werden vom Halbleiterhersteller spezielle Programme angeboten [37] [38]. Bei diesem Verfahren muß aber in jedem Fall die Präparation eines individuellen Chips mit allen Prozeßschritten ausgeführt werden. Eine Alternative zu diesem Verfahren sind die Techniken mit vorgefertigtem Untergrund. Das sind die sogenannten Gatearray- oder Master-Slice-Chips. Hier sind auf dem Chip schon Elementarzellen (Gates) vorgefertigt. Solche Elementarzellen sind Gruppen nicht oder nur teilweise verbundener Bauelemente [37]. Die Anwendung der Gatearray- oder Master-Slice-Chips beim Schaltkreisentwurf besteht nun darin, durch zusätzliche Verdrahtung der Elementarzellen die gewünschte Gesamtschaltung zu erreichen. Dabei können zunächst die Elementarzellen (Gates) in einer ersten Verdrahtungsebene zu Funktionsgruppen (Makrozellen) verbunden werden. in einer zweiten Verdrahtungsebene erfolgt dann schließlich die Verbindung der Funktionsgruppen zum Gesamtsystem.

Der besondere Vorteil dieser Technik besteht darin, daß technologisch nicht alle Prozeßschritte einer bestimmten Basistechnologie bei der Schaltkreisfertigung durchlaufen werden müssen, sondern nur die für (in der Regel) zwei Verdrahtungsebenen. Für den Layoutentwurf gibt es ebenfalls Rechnerprogramme, die die genaue Geometrie der Verbindungsleitungen entwerfen (Gatearray-Router). In jüngster Zeit sind für leistungsarme Gatearrays CMOS-Techniken mit Gatterverzögerungszeiten von 1 ... 2 ns [31] [32] und für superschnelle Systeme Bipolartechniken (ECL) [33] mit Gatterverzögerungszeiten kleiner als 1 ns entwickelt worden.

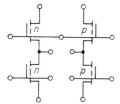

Bild 84. CMOS-Gatearray

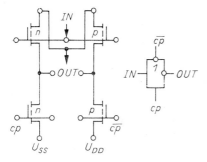

Bild 85. Dynamische Schieberegisterzelle auf Gatearraybasis

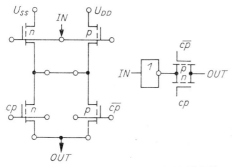

Bild 86. Getakteter Inverter auf CMOS-Gatearraybasis

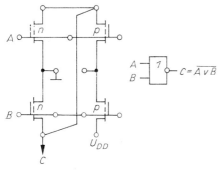

Bild 87. Statisches NOR-Gatter auf CMOS-Gatearraybasis

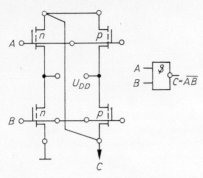

Bild 88. Statisches NAND-Gatter auf CMOS-Gatearraybasis

Im folgenden soll das Prinzip der Anwendung von Gatearrays gezeigt werden. Wir wollen die Gatearrayzelle gemäß Bild 84 verwenden [19]. Sie besteht aus 2 n-Kanal- und aus 2 p-Kanal-Transistoren, die in der gezeigten Weise bereits vorverdrahtet sind. Dem Anwender stehen in der Regel 2 Metallisierungsebenen zur weiteren Verdrahtung zur Verfügung. In einer ersten Stufe können aus dieser vorgegebenen Zelle Elementarschaltungen erzeugt werden, z. B. dynamische Schieberegisterzelle (Bild 85), getakteter Inverter (Bild 86), statisches NOR (Bild 87), statisches NAND (Bild 88). In einer zweiten Stufe können aus den Elementarzellen Funktionsgruppen aufgebaut werden.

3.5. Layoutentwurf

3.5.1. Entwurfsregeln, Handlayout, Editor

Wie bereits im Abschnitt 3.1. angedeutet, besteht der Layoutentwurf in der Anfertigung einer vergrößerten Zeichnung der geometrischen Figuren der einzelnen Strukturelemente der Bauelemente in der entsprechenden Basistechnologie. Da zur Herstellung eines integrierten Halbleiterbauelementes mehrere Prozeßschritte erforderlich sind, z. B. Feldoxydation, Dotierung, Kontaktfensteröffnung, Aufbringen von Verbindungsleitungen (s. Abschnitt 2.2.), für die je eine Schablone (s. Abschnitt 2.3.) erforderlich ist, muß auch die Layoutzeichnung in verschiedenen Schablonenebenen durchgeführt werden. Man kennzeichnet die verschiedenen Schablonenebenen in der Zeichnung durch unterschiedliche Farben oder Strichfiguren (s. u.).

Die Layoutzeichnung kann entweder von Hand auf Millimeterpapier oder halbautomatisch mit der Mouse auf einem interaktiven grafischen Display erfolgen [34] bis [36]. Automatische Verfahren, die sofort aus dem Logikschaltbild das fertige Layout mit Hilfe eines Computerprogramms erzeugen, sind vor allem für die Plazierung und Trassierung von Standardzellen [37] [38] und Gatearrays [25] entwickelt worden. Eine wesentliche Layouthilfe sind die sogenannten Sticks oder symbolischen Layoutfiguren [30]. Hier werden die Layoutfiguren nur mit einfachen Symbolen (Striche,

---

[1]) tri-state bedeutet: 1. Zustand High; 2. Zustand Low; 3. Zustand Floating (offen)

Kreuze u. a.) skizziert, ein Rechnerprogramm interpretiert diese und zeichnet das geometrisch vollständige Layout.

Grundlage der Layoutzeichnung sind die Entwurfsregeln. Das sind Angaben über minimale Abmessungen und Abstände von Strukturelementen einer Schablonenebene sowie über minimale Abstände und minimale bzw. maximale Überlappungen von Strukturelementen verschiedener Schablonenebenen. Diese Entwurfsregeln werden einerseits von der Fotolithografie (minimale zu realisierende Strukturgröße δ) und andererseits von der Spannungsbelastbarkeit (Durchbruchgefahr benachbarter Elemente) bestimmt. Im Bild 89 und in Tafel 14 sind die Entwurfsregeln für die Standard-N-SGT angegeben. Die Schablonenebenen erhalten dabei zur Kennzeichnung Buchstaben.

Die **A-Schablone** (s. Bild 89a) bestimmt die Größe und Form der durch das Feldoxid und den Kanalstopper begrenzten aktiven Transistorgebiete. Eben-

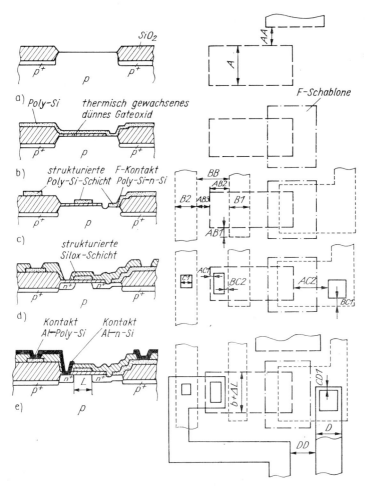

Bild 89. Prozeßschritte und Entwurfsregeln der NMOS-SGT

Entwurfsregeln	Bezeichnung	Minimale Größe (Richtwert)
Breite des A-Gebietes	A	$2\,\delta$
Abstand zweier A-Gebiete	AA	$3\,\delta$
Breite Poly-Silizium-Gate	B 1	$2\,\delta$
Breite Poly-Silizium-Leitbahn	B 2	$2\,\delta$
Überlappung Poly-Silizium-Gate	AB 1	$2\,\delta$
Abstand Poly-Silizium-Gebiete	BB	$2\,\delta$
Abstand Poly-Silizium-Gate zu A-Gebiet	AB 2	$2\,\delta$
Abstand Poly-Silizium-Gate zu benachbartem A-Gebiet	AB 3	$3\,\delta$
Breite Kontaktfenster	C 1	$2\,\delta$
Überlappung n-Gebiet mit Kontaktfenster	AC 1	δ
Überlappung Poly-Silizium-Gebiet mit Kontaktfenster	BC 1	δ
Abstand n-Kontakt zu Poly-Silizium-Gate	AC 1	$2\,\delta$
Abstand Poly-Silizium-Kontaktfenster zu Transistorrand	AC 2	$3\,\delta$
Abstand Kontaktfenster zu Poly-Silizium-Gate	BC 2	$2\,\delta$
Breite Al-Bahn	D	$3\,\delta$
Abstand Al-Bahnen	DD	$3\,\delta$
Überlappung Al-Gebiete mit Kontaktfenster	CD 1	δ
Breite F-Fenster	F	$4\,\delta$
Abstand F-Fenster zu Gates	BF 2	$3\,\delta$
Überlappen F-Fenster mit A-Gebiet	AF 1, AF 3	$2\,\delta$
Abstand F-Fenster zu benachbartem A-Gebiet	AF 4	$3\,\delta$
Überlappen F-Fenster mit Poly-Silizium	BF 1	δ

falls erfolgt zur Einstellung der Schwellspannung der Enhancementtransistoren eine Implantation von Bor (B) in die aktiven Transistorgebiete [3]. Mit der **F-Schablone** (s. Bild 89b) wird in das thermisch gewachsene dünne Gateoxid ein Loch geätzt. Die Größe der F-Schablone muß so festgelegt werden, daß sie das Feldoxid etwas überlappt. (Die F-Schablone bewirkt — wie wir sehen werden — die Bildung eines Kontaktes Poly-Silizium $-$ n^{+}-Si.).

Mit der **B-Schablone** (s. Bild 89c) erfolgt die Strukturierung der Poly-Silizium-Schicht für Gateelektroden und Verbindungsleitungen. (Man beachte auch die Entstehung des F-Kontaktes.) Mit der **C-Schablone** (s. Bild 89d) wird nach der Dotierung der Drain- und Sourcegebiete (dazu ist keine Schablone erforderlich, da das Feldoxid und die Poly-Silizium-Gates gewissermaßen als selbstjustierende Maske dienen) und dem Aufbringen einer CVD-SiO$_2$-Schicht (Silox) die Öffnung der Kontaktfenster für die Kontakte Alu—Poly-Silizium und Alu–n-Silizium bewirkt (Bild 89d). Die **D-Schablone** (s. Bild 89e) dient der Strukturierung der Aluminiumverbindungsleitungen. Nach dem Aufbringen einer SiO$_2$-Schutzschicht erfolgt mit der **E-Schablone** die Freilegung der Bondinseln (nicht im Bild 89 gezeigt). Schließlich kann mit einer **G-Schablone** noch festgelegt werden, an welchen Stellen durch zusätzliche Implantationen von Phosphor (P) Depletiontransistoren (s. auch Bild 9) entstehen sollen. Die hauptsächlichen Entwurfsregeln für diese Technologie sind in Tafel 14 als Vielfache der minimalen Strukturgröße δ zusammengestellt (z. B. $\delta = 3$ μm).

Mit Skalierung von δ skalieren sich entsprechend auch die Entwurfsregeln. Die Entwurfsregeln als Vielfache von δ sind eine starke Vereinfachung, die dem Entwerfer die Arbeit erleichtern soll. Weichen die realen Entwurfsregeln von den δ-Entwurfsregeln ab, so kann nach erfolgtem Entwurf eine entsprechende Verzerrung des Layouts mit einem Programm erfolgen. Beim Entwurf der zeichnerischen Breite des Poly-Silizium-Gates $B1$ bzw. allgemein B muß beachtet werden, daß die dann entstehende elektronisch wirksame Kanallänge L infolge Unterätzung und seitlicher Ausdiffusion um ΔL kleiner ist als das zeichnerische Maß B. Dies ist im Bild 90 gezeigt.

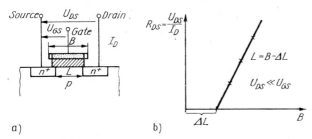

Bild 90. a) Veranschaulichung der zeichnerischen Kanallänge und der elektronisch wirksamen Kanallänge
b) Ermittlung der Kanallängenverkürzung aus Widerstandsmessungen

Da für kleine Drainspannungen ($U_{DS} < 1$ V) gemäß (34) (s. auch [3]) für den Widerstand des Transistors

$$R_D = \frac{U_{DS}}{I_D} = \text{konst.} \cdot L = \text{konst.} \cdot (B - \Delta L) \qquad (70)$$

gilt, kann ΔL durch einfache Strommessungen an MOS-Transistoren bei verschiedenen zeichnerischen Werten von B gemäß Bild 90 b ermittelt werden.

Wie wir im Abschnitt 3.2. gelernt haben, gilt für MOS-Schaltkreise als entscheidende Layoutentwurfsgröße das Verhältnis von Kanalbreite b zu Kanallänge L ((40), (41)). Sowohl L als auch b sind um ΔL kleiner als die zeichnerischen Maße B bzw. A. Für Strukturgrößen > 5 μm kann näherungsweise $b/L \approx B/A$ gesetzt werden.

Bei der Bipolartechnik ist es mit den Entwurfsregeln ähnlich. Aus der im Bild 91 gezeigten Draufsicht (Layout) eines Bipolartransistors erkennt man die in Tafel 15 aufgeführten prinzipiellen Entwurfsregeln. Als entscheidende funktionsbestimmende Layoutentwurfsgröße gilt hier die Emitterlänge, die nach dem maximal zulässigen Emitterstrom je Länge [3] j_{Em} ($\approx 0,2$ mA/μm) und dem gewünschten Emitterstrom I_E wie folgt festgelegt wird

$$L_E = \frac{I_E}{j_{Em}} . \qquad (71)$$

Für die entworfenen Layouts muß eine Digitalisierung vorgenommen werden (bei interaktiver grafischer Arbeit mit einem Layouteditor auf dem Bildschirm entfällt dies). Die Beschreibung des digitalisierten Layouts erfolgt in einer formalen Layoutsprache als Eingabe für ein Rechnerprogramm, das eine Reihe von geometrischen Manipulationen (Drehen, Spiegeln, Verviel-

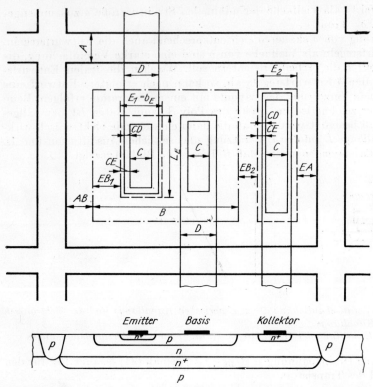

Bild 91. Entwurfsregeln der SBC-Technik am Beispiel eines Bipolartransistors

Tafel 15. Einige Entwurfsregeln der SBC-Technik

Entwurfsregeln	Bezeichnung	Minimale Größe
Breite des Isolierrahmens	A	$2\,\delta$
Breite des p-Gebietes für Basis bzw. Widerstand	B	δ
Abstand Isolierrahmen zum p-Gebiet	AB	$4\,\delta$
Breite des n^+-Gebietes für Emitter	E_1	$1{,}5\,\delta$
Breite des n^+-Schachtes für Kollektor	E_2	$2\,\delta$
Breite des Kontaktfensters	C	δ
Breite der Al-Leiterbahn	D	$3\,\delta$
Überlappung Aluminium mit Kontaktfenster	CD	δ
Überlappung n^+-Gebiet mit Kontaktfenster	CE	δ
Abstand n^+-Schacht zu Isolierrahmen	EA	$2\,\delta$
Abstand Emitter zu Emitter	EE	$1{,}5\,\delta$
Abstand Basis zu Basis	BB	$3\,\delta$

fältigen) ausführt und den kompletten Datensatz in eine Datei umformt, die für die Steuerung eines Patterngenerators oder einer Scanning-Elektronenstrahlmaschine geeignet ist. Gleichzeitig wird auf einem Plotter eine Zeichnung zur Kontrolle auf Entwurfsfehler angefertigt.

3.5.2. Automatisierte (CAD-) Layouttechniken

Sticks (≙ Stabdiagramme) sind eine besondere Form der symbolischen Eingabe der Schaltung in den Rechner. Von der gewünschten Schaltung wird zunächst eine Stickzeichnung mit den vereinbarten grafischen Symbolen (s. Bild 92a), die möglichst technologieunabhängig sein sollen, angefertigt. Die Eingabe in den Rechner kann z. B. ebenfalls mit einem Digitizer erfolgen. Nach Eingabe erzeugt der Rechner automatisch ein entwurfsregelgerechtes, kompaktiertes Layout (für das NMOS-NAND-GATTER s. Bild 92b).

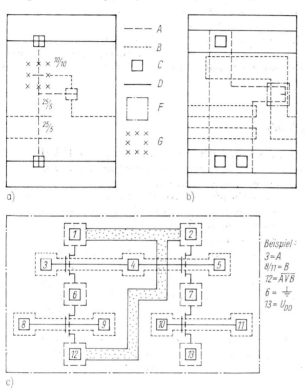

Bild 92. *Veranschaulichung verschiedener Layoutverfahren*
a) Stickentwurf; b) Feinlayout aus dem Stickentwurf von a); c) Gatearrayzelle

Die weitgehend schaltbildorientierte Darstellung befreit den Entwerfer von der Beachtung lästiger Details (z. B. Entwurfsregeln) und gibt ihm trotzdem und gerade deshalb die Möglichkeit der Entfaltung seiner Kreativität.

Unter **Siliconcompiler** versteht man den vollständigen Layoutenwurf eines Systems oder Blockes, der mit einer Hardwarebeschreibungssprache (HDL) beschrieben ist.

Die einfachste Form wäre die Eingabe einer Transistorliste, wie es z. B. auch für die Netzwerksimulation üblich ist (s. Abschn. 3.7.2.), woraus der Computer das fertige, entwurfsregelgerechte Layout entwirft.

Gatearrays bzw. Masterslices, die wir bereits aus schaltungstechnischer Sicht im Abschn. 3.4. betrachtet hatten, benutzen einen Chipuntergrund, der

Reihen sich ständig wiederholender Elementarzellen besitzt. Zwischen den Reihen verlaufen die globalen Verdrahtungskanäle. Bild 92 c zeigt als Beispiel eine CMOS-Elementarzelle mit je 2 p- und n-Kanaltransistoren. Damit kann man verschiedene Basisschaltungen verdrahten (im Bild 92 c wird z. B. durch die punktierte Verbindungsleitung ein NOR-Gatter realisiert, weitere Möglichkeiten wären NAND, dynamische Schieberegisterzelle, getaktete Inverter). Diese Basisschaltungen kann man zu Makrozellen verdrahten (Flipflops, Schieberegister, Zähler u. a.). Diese Basiszellen und Makros werden in einer Library angeboten. Die Plazierung und Trassierung (Routing) der Basiszellen und Makros entsprechend der gewünschten Kundenschaltung erfolgt mit einem Rechnerprogramm automatisch. Die Endkontrolle des Layouts kann mit dem LSISIMULATOR [14] erfolgen. Dies ist ein Programmsystem, das aus der Layoutdatei die Einhaltung der Entwurfsregeln prüft und die Bauelemente und Schaltung zum Zwecke der Simulation rückerkennt.

3.5.3. Entwurfsphilosophie

Für die moderne Elektronik gelten auch weiterhin integrierte Schaltungen mit Transistoren als tragende Säulen. Für die anzuwendenden Entwurfsmethodologien sind 2 Gruppen zu unterscheiden:

1. Für *Chiphersteller* besitzt die Chipfläche vor der Entwurfszeit Priorität, da diese über die Ausbeute direkt den Preis bestimmt. Da Handlayouts dichter als jedes automatisch erzeugte Layout sind, werden in dieser Branche computerunterstützte Handlayouts auch im VLSI-Zeitalter vollautomatischen vorgezogen. Interaktive Grafik und Sticks sind hier eine wertvolle Hilfe.

2. Für *Systemhersteller* steht oft die Entwurfszeit und nicht die Siliziumfläche im Vordergrund. Sie benutzen deshalb in zunehmendem Maße mit Erfolg hierarchische, strukturierte Entwurfsmethodologien und automatische Layoutverfahren (Siliconcompiler, Gatearrays).

Neben der Verfügbarkeit der „physikalischen" CAD-tools (Simulatoren, Layoutprogramme) spielt in zunehmendem Maße die Entwickkung von Entwurfsmethodologien zur Beherrschung bzw. Nutzung der Millionen Transistoren auf einem Chip eine Rolle.

So oder so geht der Trend bei allen Chipentwürfen zur Benutzung höherer Beschreibungssprachen, um das Gehirn des Entwerfers von plagenden massenhaften Details zu entlasten. Die Chips (Millionen-bit-Speicher, 16-bit und 32-bit-Prozessoren, Signalprozessoren, programmierbare Controller, Sprachcompiler, herkömmliche Systeme projiziert auf ein Chip u. a.) werden in zunehmendem Maße aus fixen Zellen einer Library, parameterisierbaren Zellen (PLA, ROM, Registerfiles) und neuen Zellen (beschrieben durch eine HDL) aufgemacht. Eine wesentliche Rolle beim Entwurf spielt die *Testbarkeit*. Ein System mit n Eingängen und m inneren Zuständen würde zur vollständigen Testung 2^{n+m} Testpattern benötigen. Dies ist nicht möglich. Deshalb wird bei VLSI der Funktionstest bevorzugt. Darunter versteht man die Überprüfung der Funktion nach einem Testmodell, wo möglichst jedes Bauelement einmal benötigt wird. Um das zu unterstützen, ist beim Chipentwurf von vornherein die leichte Testbarkeit durch

- Zugriff zu internen Datenbussen (ad hoc testability);
- Auftrennung von Rückführungsschleifen;
- Begrenzung der sequentiellen Tiefe durch Schaffung eines Scan-Pfades, bei dem alle inneren Speicher zu einem Schieberegister „aufgefädelt sind" (systematic and structured testability);
- Einbau von Möglichkeiten des Selbsttestes (built-in-test) zu berücksichtigen.

Die Erzeugung der Eingangstestpattern erfolgt entweder von Hand oder durch Algorithmen (Pseudorandomgenerator, D-Algorithmus). Das Ausgangstestpattern liefert ein Simulationsprogramm (z. B. LSINET [17], s. Abschnitt 3.7.2.5.)

3.6. Systementwurf (an Beispielen häufig angewendeter hochintegrierter Schaltkreise)

In diesem Abschnitt werden wir die innere Architektur und Funktionsweise hochintegrierter Schaltkreise behandeln. Damit soll folgendes Ziel erreicht werden:

- Es soll deutlich werden, wie die Funktionsgruppen, die wir im Abschnitt 3.3. behandelt haben, als Bausteine der Systemarchitektur wichtiger hochintegrierter Schaltkreise wirken.
- Es sollen aus diesen „Vorbildschaltkreisen" Anregungen entnommen werden, die beim Entwurf der Architektur eigener Schaltkreise nützlich sind.
- Es soll die Wißbegierde derjenigen befriedigt werden, die gerne einmal wissen wollen, wie die hochintegrierten Bausteine im Inneren funktionieren, von denen heute so viel die Rede ist und die so manche schöne Dinge auch im Konsumgüterbereich ermöglichen.

Einschränkend muß allerdings vorausgeschickt werden, daß aus methodisch-didaktischen Gesichtspunkten sowohl die innere Architektur als auch die Funktion nicht in allen Einzelheiten geschildert werden können, da die betreffenden Schaltkreise sämtlich recht komplizierte digitale Systeme sind, deren Schaltungsgröße mit der von Großgeräten klassischer Bauweise (mit diskreten Elementen oder niedrigintegrierten Schaltkreisen) vergleichbar ist. Deshalb werden wir aus pädagogischen Gesichtspunkten starke Vereinfachungen des realen Aufbaus vornehmen, um das Wesentliche zu erkennen. Der gedankliche Sprung zum realen Aufbau eines solchen Schaltkreises ist dann vielmehr ein quantitativer als ein qualitativer. Diejenigen Leser, die sich in ihrer beruflichen Arbeit vertieft einem speziellen Schaltkreis widmen, werden mit den hier dargelegten mehr prinzipiellen Betrachtungen aber ein Tor zum Verständnis dieser Dinge finden.

3.6.1. Speicherschaltkreise (RAM, ROM)

Wort- oder Bitorganisation?

Speicherschaltkreise sind im Prinzip große Registerblöcke, wie wir sie schon im Bild 65 kennengelernt haben. In den Bildern 93a und 93b sind die prinzipielle Systemarchitektur und die Logiksymbole von Halbleiterspeicher-

schaltkreisen gezeigt. Der Speicherschaltkreis des Bildes 93a hat 8 Datenausgänge und 8 Dateneingänge. Man bezeichnet einen solchen Speicherschaltkreis als **wortorganisierten** Speicher.

Über die Adressenleitungen $A_1 \dots A_N$ und über den Dekoder wird jeweils eine
horizontale Registerzeile (Wort) ausgewählt (an High-Pegel gelegt). Im
Abschnitt 3.3.3. haben wir gesehen, wie ein solcher Dekoder funktioniert
(vgl. auch das 2-bit-Beispiel des Bildes 53). Aus einem Adressensignal mit N
bit $(A_1 \dots A_N)$ kann man $n = 2^N$ Zeilen $W_1 \dots W_n$ (Wortleitungen) auswählen.
Die Speicherzellen der ausgewählten Zeile (Wort) werden auf die senkrecht
verlaufenden Datenleitungen (Bitleitungen) $B_1 \dots B_m$ geschaltet und über
Schreib/Lese-Verstärker an die Datenbusleitungen $D_1 \dots D_8$ geführt, über die
eine Information eingeschrieben oder ausgelesen werden kann. Mit dem
Steuersignal WE (write enable) wird von außen entschieden, ob gelesen
$(WE = \emptyset)$ oder geschrieben $(WE = 1)$ werden soll. Das Signal CE (chip enable)
schaltet die Verstärkerausgänge bei $CE = 1$ auf die Datenbusleitungen

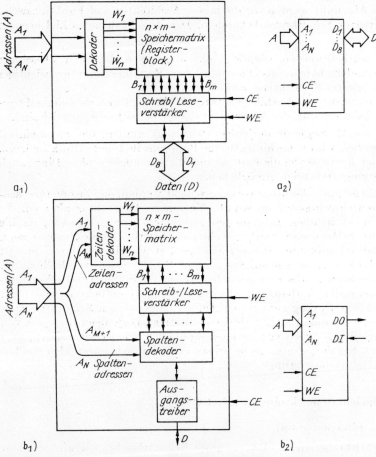

Bild 93. Systemarchitektur von Halbleiterspeichern

a) wortorganisiert; b) bitorganisiert

86

D_1 ... D_8. Bei $CE = \emptyset$ werden die Ausgänge abgeschaltet, d. h., die innere Schaltung des Speicherschaltkreises wird von den äußeren Anschlüssen D_1 ... D_8 völlig abgetrennt (s. auch Ausgangsschaltung im Bild 83).

In der Variante nach Bild 93b wird von den Verstärkerausgängen durch die Spaltenadressen A_{M+1} ... A_N nur jeweils ein Ausgang einer Zeile ausgewählt und nach außen geführt (D). Einen solchen Speicher nennt man **bitorganisiert**.

RAM oder ROM?

Je nach den Speicherzellen unterscheidet man verschiedene Speichertypen:

— Werden als Speicherzellen Flipflops gemäß Bild 64 verwendet, so spricht man von statischen **Schreib/Lese-Speichern.** Solche Speicher können beliebig gelesen und geschrieben werden, da der Zustand der Flipflops durch Setz- (S) und Rücksetzsignale (R) einfach geändert werden kann. Diese Speicher werden als **RAMs** bezeichnet (RAM random access memory). Neben der Flipflopzelle des Bildes 64 sind noch weitere Flipflops anwendbar [3]. Sie unterscheiden sich durch die Wahl der Lastelemente: Enhancementtransistoren, Depletiontransistoren, Poly-Silizium-Widerstände oder komplementäre p-Kanal-Transistoren (CMOS) (s. Bild 94).

— Werden als Speicherzellen einfach nur Kapazitäten verwendet (z. B. wie in dynamischen Schieberegistern), so spricht man von **dynamischen Schreib/Lese-Speichern (dRAM)** [3] (s. Bild 94).

— Werden Speicherzellen mit festem Inhalt verwendet, die also nur gelesen werden können, so spricht man von **Nur-Lese-Speichern** oder **ROMs** (ROM read only memory). Ein ROM ist z. B. eine NOR-Matrix entsprechend Bild 54. Im Bild 94a entsteht eine solche NOR-Matrix durch das Anschalten bzw. Nichtanschalten der Gates bestimmter Transistoren an die Wortleitungen W_1 ... W_m. Dies erfolgt bereits bei der Herstellung des Speichers, kann also vom Anwender nicht mehr geändert werden. Ein solcher Speicher ist damit maskenprogrammiert und kann nicht mehr gelöscht werden.

— Des weiteren gibt es **ROM-Speicherzellen** mit speziellen MOS-Transistoren, bei denen die Programmierung durch Aufladung eines Speichergates erfolgt. Solche Speicher sind mit UV-Strahlen **löschbar.** Deshalb haben sie auch einen gesonderten Namen erhalten, sie werden **EPROMs** genannt (EPROM erasable programmable read only memory). Bild 94b zeigt den entsprechenden Speichertransistor. Er besitzt neben dem „normalen" Steuergate noch ein völlig isoliertes Speichergate. Da es von keiner äußeren Spannung gesteuert werden kann, also potentialmäßig „schwebt", wird es als Floating-Gate bezeichnet. Dementsprechend heißen diese Transistoren **Floating-Gate-Transistoren.**

Der Speicherzustand der Zellen wird durch den Ladungszustand des Floating-Gates bestimmt. Die Aufladung (negativ) des Floating-Gates erfolgt mit sog. „heißen" Elektronen. Das sind stark beschleunigte Elektronen, die durch Anlegen hoher Spannungen (> 20 V) am Drain erzeugt werden.

Wie äußert sich nun der Speicherzustand des Gates? Beim Lesen wird an das Gate eine Spannung von z. B. 5 V angelegt und daraufhin geprüft, ob dabei der Transistor leitet, d. h., ob zwischen Drain und Source ein Strom fließt. Ist das Floating-Gate n i c h t g e l a d e n, so kann der Transistor mit der Steuer-

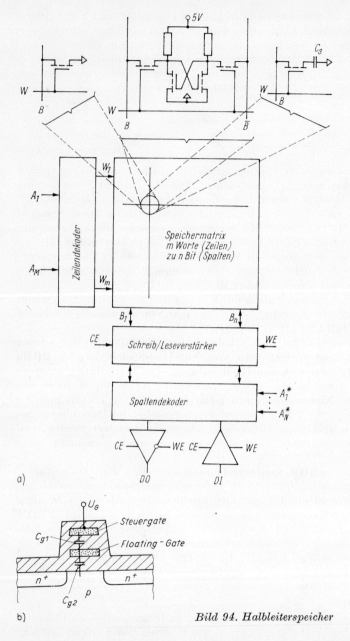

Bild 94. Halbleiterspeicher

gatespannung von z. B. 5 V eingeschaltet werden, da diese größer als die Schwellspannung ($U_p \approx 1$ V) ist. Das entspricht dem Zustand 1.

Ist das Floating-Gate negativ ge l a d en, so kann der Transistor mit der Steuergatespannung von etwa 5 V nicht eingeschaltet werden, da die Schwellspannung jetzt größer als 5 V ist. Das entspricht dem Zustand Ø.

Die Programmierung solcher EPROMs kann damit durch hohe Spannungsimpulse am Drain der betreffenden Speichertransistoren erfolgen. Das kann vom Anwender selbst mit einem Programmiergerät durchgeführt werden. Mit UV-Licht wird der gesamte Speicher gelöscht. In diesem Fall sind dann alle Speicherzellen im Zustand 1.

3.6.2. Mikroprozessorschaltkreise (CPU)

Ein Mikroprozessorschaltkreis ist eine komplette zentrale Verarbeitungseinheit (CPU central processor unit) eines elektronischen Rechners. Im Bild 95 ist die prinzipielle Systemarchitektur und im Bild 96 das Logiksymbol eines Mikroprozessorschaltkreises gezeigt. Ein Mikroprozessorschaltkreis hat die drei folgenden Hauptbestandteile:

— arithmetisch-logische Einheit (ALU)
— Registerblock einschließlich Programmzähler
— Befehlsdekoder und Steuerwerk.

Die ALU verknüpft die Daten arithmetisch und logisch, wie wir es im Abschnitt 3.3.5. gelernt haben. Der Registerblock enthält Register gemäß der Bilder 64 und 65 zur Zwischenspeicherung von Daten und Adressen. Der Programmzähler ist ein spezielles Register, das nach jedem Lesevorgang seinen Inhalt um 1 erhöht. Der Befehlsdekoder besteht im wesentlichen aus NOR-Matrizen. Er dekodiert aus jedem Befehlswort ein Befehlssteuersignal, welches an das Steuerwerk zur Festlegung der Steuersignalsequenz zur Abarbeitung des Befehls gegeben wird. Das Steuerwerk (s. Abschnitt 3.3.8., Bild 78) liefert in zeitlicher Reihenfolge folgende Steuersignale an die übrigen Baugruppen des Mikroprozessorschaltkreises:

R	reset, clear
L, E	(load, enable) zur Aktivierung der Eingänge und Ausgänge der Register
A	(address) zur Auswahl der Register im Registerblock
X	zur Schaltung der Datenwege durch Multiplexer und Schalttransistoren
S	zur Festlegung des Operationsmodus der ALU sowie weitere Steuersignale für externe Einheiten.

Die nach außen abgegebenen Steuersignale sind z. B.

$R/\overline{W} = 1$	bedeutet, daß gelesen werden soll,
$R/\overline{W} = 0$	bedeutet, daß geschrieben werden soll,
$MREQ = 1$	bedeutet, es soll ein Speicherschaltkreis (s. Abschnitt 3.6.1.) angesprochen werden,
$IORQ = 1$	bedeutet, es soll ein Eingabe/Ausgabe-Schaltkreis (s. Abschnitt 3.6.4.) angesprochen werden,
$SYNCH\ (M1)$	ist ein Synchronisationssignal.

Der Mikroprozessorschaltkreis kann auch von externen Signalen gesteuert werden:

$RESET = 1$	bewirkt, daß alle Register des Mikroprozessorschaltkreises auf 0 zurückgesetzt werden.
$WAIT = 1$	bewirkt, daß der Mikroprozessorschaltkreis mit der weiteren Abarbeitung eines Befehls wartet, bis WAIT wieder inaktiv ($= 0$) wird. Das ist für die Zusammenarbeit mit langsamen äußeren Geräten notwendig.

$INT = 1$ bewirkt, daß der Mikroprozessorschaltkreis seine Programmabarbeitung unterbricht (interrupt) und eine sogenannte Interrupt-Routine ausführt (danach springt er wieder in das laufende Programm zurück).

Weiterhin geht aus den Bildern 95 und 96 hervor, daß nach außen ein Datenbus D und ein Adreßbus A führen. Über den Datenbus erfolgt der Transfer von Daten (Binärwörtern) oder Befehlen. Bei 8-bit-Mikroprozessoren hat dieser Datenbus 8 Datenleitungen.

Der Adreßbus hat in der Regel 16 Leitungen und wird entweder vom Inhalt des Programmzählers (beim Lesen von Befehlen) oder eines Adreßregisters

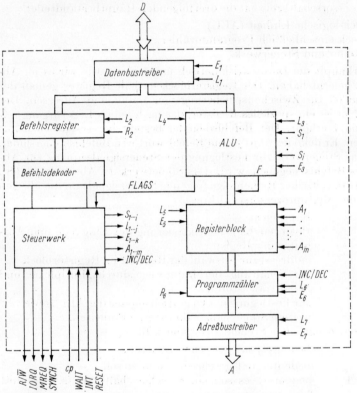

Bild 95. Systemarchitektur eines Mikroprozessorschaltkreises

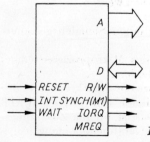

Bild 96. Logiksymbol eines Mikroprozessorschaltkreises

(beim Lesen von Datenwörtern) bedient. Mit diesen 16 Adressensignalen lassen sich $2^{16} = 64$ kbyte (1 kbyte $= 1024$ byte; 1 byte $= 8$ bit) Speicher adressieren. Die Arbeit des Mikroprozessors beginnt grundsätzlich mit einem Befehlsholezyklus (instruction fetch), indem der Inhalt des Programmzählers auf den Adreßbus gegeben wird und aus dem damit adressierten Speicher das entsprechende Befehlswort über den Datenbus über das Befehlsregister in den Befehlsdekoder geholt wird. Gleichzeitig wird der Inhalt des Programmzählers um 1 erhöht. Der Befehlsdekoder liefert an das Steuerwerk ein entsprechendes Befehlssteuersignal b, wodurch das Steuerwerk einen Mikrooperationssteuerzyklus ablaufen läßt. Das heißt, es bildet bestimmte S-, X-, A-, E-, L- und R-Signale, die der Abarbeitung dieses Befehls entsprechen. Nach der Abarbeitungsphase des Befehls, in deren Verlauf z. B. weitere Speicherzugriffe oder Eingabe/Ausgabe-Zyklen ablaufen können, erfolgt mit der Aussendung der um 1 erhöhten Befehlsadresse das Holen des nächsten Befehls usw.

3.6.3. Taschenrechnerschaltkreise (CALCULATOR)

Wir wollen nur einen sehr einfachen Taschenrechnerschaltkreis betrachten. Im Bild 97 ist die vereinfachte innere Systemarchitektur eines Taschenrechnerschaltkreises angegeben. Wir erkennen auch hieran die bereits besprochenen Funktionseinheiten: Speicher, Register, Zähler, Dekoder, PLA, Steuerwerk, Rechenwerk (Arithmetikeinheit) und deren Verbindung über Busleitungen. Die gegenseitige funktionelle Kopplung erfolgt über Steuersignale $(L, S, X, \ldots)$, die von einem Steuerwerk erzeugt werden. Die Funktion dieses Schaltkreises (Abfrage und Erkennen der Tasteneingabe, Ausführen der Rechenoperation und Anzeige) erfolgt nach einem Betriebsprogramm, das in einem ROM-Speicher abgelegt ist. Einfache Calculatorschaltkreise haben Betriebsprogramme mit 200 bis 500 Befehlswörtern (z. B. mit je 11 bit). Der ROM wird von einem Befehlszähler adressiert. Dieser Befehlszähler zählt bei jedem Zählimpulstakt T um 1 weiter (Übergang zur nächsten Befehlsadresse). Bei Warteschleifen (z. B. wenn keine Taste gedrückt wird, s. u., Bild 99) muß aber dieses Weiterzählen für eine bestimmte Zeit unterbunden werden. Das geschieht in unserem Architekturmodell im Bild 97 einfach dadurch, daß der Zählimpuls T, der vom Steuerwerk geliefert wird, ausbleibt (gleichbedeutend damit wäre in einem Schieberegisterzähler mit 1-Addition das Unterdrücken der 1-Addition [28]). Weiterhin muß es möglich sein, daß man im Programm an beliebige Stellen (Subroutinen) springen kann. Das bedeutet, der Befehlszähler muß mit Sprungadressen geladen werden. Das erfolgt durch Aktivierung des Load-Signals L_2. Nun wird nämlich gemäß Bild 97 der Inhalt (oder ein Teil) des Befehlsregisters, das in diesem Fall die Sprungadresse enthält, in den Befehlszähler geladen. Das Befehlsregister selbst wird durch das Load-Signal L_1 aktiviert. Die Signale L_1, L_2, T werden vom Steuerwerk geliefert. Zur Programmabarbeitung wird der Befehl, der aus dem ROM entnommen wurde, in einem PLA-Dekoder dekodiert. Die dabei entstehenden Befehlssteuersignale werden in das Steuerwerk gegeben. Bedeutet der Befehl aber die Eingabe von Zahlen (0, 1, 2, 3, 4 ...), so werden diese vom Dekoder direkt in das Rechenwerk gegeben. An das Rechenwerk sind 3 Arbeitsregisterblöcke A, B, C angeschlossen. Das sind 13-bit-Schieberegister, wobei jeder Registerblock aus 4 Schieberegistern

besteht (s. Bild 97). Man benötigt je 4 Schieberegister, weil jede Dezimalziffer durch einen 4-bit-BCD-Kode gemäß Tafel 1 dargestellt wird. Die 13
Schieberegisterzellen enthalten z. B. 8 Ziffern für die Mantisse, 2 Ziffern für
den Exponenten, 1 Digit für den Dezimalpunkt, 2 Digits für Überlauf o. ä.
Die Ausgänge und Eingänge der Schieberegister werden mit Hilfe der Steuersignale $X_1 \ldots X_k$ über Multiplexer bzw. Schalttransistoren untereinander
und mit den Ausgängen und Eingängen der Arithmetikeinheit (4-bit-Addi-
tions-Subtraktions-Schaltung) verschaltet. Das ist im Bild 97 alles im Kom-
plex Rechenwerk zusammengefaßt. (Das Rechenwerk besteht also hier aus
BCD-Arithmetikeinheit und Multiplexer.)
Erzeugt werden die Steuersignale $X_1 \ldots X_k$ vom Steuerwerk. Die Funktion
der Arithmetikeinheit wird von den Steuersignalen $S_1 \ldots S_n$ festgelegt.

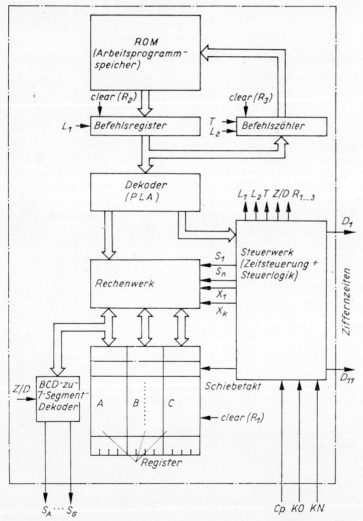

Bild 97. Systemarchitektur eines Taschenrechnerschaltkreises

Das A-Register ist der Akkumulator, der auch gleichzeitig als Anzeige-register fungiert (was in A ist, wird angezeigt). Aus diesem Grund ist an den Ausgang des A-Registers ein BCD-zu-7-Segment-Decoder (s. Aufgabe 7) angeschlossen, der die 7 Segmentsignale S_A ... S_G zur Ansteuerung der Displays erzeugt. Da die Anzeige der Ziffern auf dem Display im Zeitmultiplex-verfahren (d. h. zeitlich nacheinander) in den Ziffernzeiten D_1 ... D_{11} (s. Bild 98) erfolgt, andererseits aber jede der 13 Registerstellen einem Zeitzustand Z_1 ... Z_{13} (s. die folgende Beschreibung der Zeitsteuerung im Bild 100) zuge-ordnet ist, muß über ein zusätzliches Zustands/Ziffernzeit-Steuersignal Z/D der genaue Zeitpunkt der Generierung der Leuchtsegmentsignale S_A ... S_G für die entsprechende Ziffer festgelegt werden. Soll z. B. zur Zif-fernzeit D_k die n-te Stelle der Mantisse angezeigt werden, die stets im Zu-stand Z_i am Ausgang von A, d. h. am Eingang des BCD-zu-7-Segment-Deko-ders ist, dann darf nur bei $D_k \cdot Z_i$ (D_k und Z_i) das Zustands/Ziffernzeit-Signal Z/D gebildet werden[1]), Bei fortlaufender Anzeige entsprechend den Stellen im Register A würde dann gelten

$$Z/D = D_k Z_i \vee D_{k+1} Z_{i+1} \vee \ldots \tag{72}$$

k und i hängen von der internen Organisation des speziellen Schaltkreises ab (s. z. B. die Realisierung im Bild 100).
Außer den Registern A, B, C muß ein solcher Schaltkreis noch weitere Regi-ster für Kennzeichen (Kennzeichenregister) haben, die hier aber der Einfach-heit halber weggelassen sind.
Das Komplizierteste am Schaltkreis ist — wie immer — das Steuerwerk.

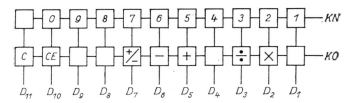

Bild 98. Tastenanschlüsse eines einfachen Taschenrechners

Das Steuerwerk erhält neben dem Takt cp und den Befehlssteuersignalen aus dem Dekoder die Tastatureingangssignale KO und KN, aus denen das Steuer-werk die Tasteneingabe erkennt. Das wollen wir mit Bild 98 erklären. Die Zeit-steuereinheit (s. später Bild 100) des Steuerwerkes sendet nacheinander die Ziffernzeitsignale D_1 ... D_{11} aus. Ist eine Taste gedrückt, so kommt zu einer bestimmten Ziffernzeit D_k die Rückmeldung über die Leitung KO oder KN (war z. B. ($^+/_-$) gedrückt, kommt ein Rückmeldesignal über KO zur Ziffern-zeit D_7). Entsprechend dieser Eingabe bzw. Nichteingabe funktioniert der Programmablauf des Taschenrechnerschaltkreises dann nach dem Flußdia-gramm im Bild 99 folgendermaßen:
Der erste Befehl nach dem Einschalten heißt stets „alle Register löschen". Dann wird geprüft, ob eine Taste gedrückt wurde ($KO \vee KN$ anliegt). Wenn ja, muß so lange eine Warteschleife durchlaufen werden, bis einmal das Nicht-

[1]) Im anderen Fall würde in der Ziffernzeit D_k stets das Display für die n-te Stelle anzeigen. Da aber während einer Ziffernzeit alle 13 Zustände Z_1 .. Z_{13} durchlaufen werden, würden in rascher Folge nacheinander alle Stellen des Registers A in der n-ten Stelle des Displays angezeigt.

drücken einer Taste erkannt wird (diese Methode entspricht einer software-mäßigen Impulsverkürzung, um zu verhindern, daß ein Tastendruck mehrmals bewertet wird). Wird einmal kurzzeitig erkannt, daß kein Tastendruck vorlag (also die vorhergehende Taste losgelassen wurde), so wird erneut getestet, ob eine Taste gedrückt ist ($KO \vee KN$?). Danach erfolgt ein zweimaliges Durchlaufen einer sog. Entprellschleife, in der sichergestellt wird, daß eine Taste wirklich gedrückt wurde und es sich bei dem KO- bzw. KN-Signal nicht um eine kurzzeitige Störung handelt (Störimpuls!).

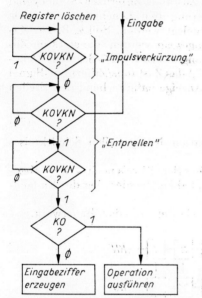

Bild 99. *Algorithmus der Tastenabfrage eines Taschenrechners*

Ist eine ordnungsgemäße Tastenbetätigung festgestellt, wird geprüft, ob eine Operationseingabe (KO) oder eine Eingabe einer Zahl (KN) vorliegt. Schließlich wird durch Koinzidenz mit dem Ziffernzeitsignal $D_1 \ldots D_{11}$ geprüft, welche Taste es war, und entsprechend wird in eine Subroutine, die dieser Taste entspricht (z. B. Eingabe – Ziffer erzeugen und in A laden – oder Multiplikation ausführen), gesprungen.

Nun wollen wir noch einiges zur Zeitsteuereinheit sagen. Die Zeitsteuereinheit (Bild 100) liefert die 13 Zustandszeitsignale $Z_1 \ldots Z_{13}$ entsprechend den 13 Registerstellen in A, B, C, weiterhin die 11 Ziffernzeitsignale $D_1 \ldots D_{11}$ und das Zustands/Ziffernzeit-Signal Z/D. Diese Einheit wird also aus 2 Zählern (einem für die Zustandszeitsignale und einem für die Ziffernzeitsignale) und aus Dekodier-NOR-Matrizen realisiert. Im Bild 100 ist die Schaltung mit Schieberegisterzählern und PLA gezeigt. Die Zustandsimpulse $Z_1 \ldots Z_{13}$ folgen nacheinander im Taktrhythmus. Da der Zähler für die Ziffernzeiten mit dem Zustandszeitsignal Z_{13} getaktet wird, entsteht für einen ganzen Zustandszeitzyklus jeweils nur ein Ziffernzeitimpuls D (der Ziffernzeitimpuls wird dann noch um die Zustandszeiten Z_1 und Z_{13} in einer UND-Schaltung verkürzt, enthält diese also nicht mehr). Die Verknüpfung der Zustandszeitsignale Z und der Ziffernzeitsignale D zum Z/D-Signal (s. o.) ist im Bild 100 ebenfalls zu erkennen.

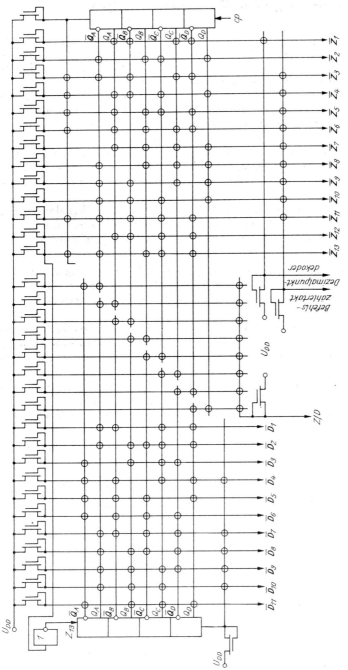

Bild 100. Zeitsteuerschaltung eines Taschenrechnerschaltkreises

3.6.4. Schaltkreise für parallele Eingabe/Ausgabe (PIO)

In Rechnersystemen müssen externe Geräte, z. B. Floppylaufwerke und Drucker, an die CPU, d. h. den Mikroprozessorschaltkreis angeschlossen werden. Das ist i. allg. nicht so einfach möglich, da die Arbeitsgeschwindigkeiten dieser Komponenten sehr unterschiedlich sind.

Für die parallele Dateneingabe und -ausgabe werden deshalb Schaltkreise verwendet, deren innere Systemarchitektur im Bild 101 prinzipiell angegeben ist. Die Daten gelangen von einem Datenbus D (an den z. B. ein Mikroprozessorschaltkreis angeschaltet werden kann) über ein Ausgaberegister auf einen externen Datenbus DI/O, an den das externe Gerät (Drucker, u. a. . . . .) angeschlossen ist. Umgekehrt gelangen Daten von einem externen Gerät über ein Eingaberegister auf den Datenbus D, der z. B. zum Mikroprozessorschaltkreis führen kann.

Die Eingangsaktivierung der Register erfolgt mit den Load-Signalen L_1, L_2, die Ausgangsaktivierung mit den Enable-Signalen E_1, E_2. Diese Load- und Enable-Signale werden von einer Handshake- bzw. Steuerlogik erzeugt.

Die Steuersignallogik erhält folgende Eingangssignale:

— das Chip-enable-Signal CE, das den gesamten Schaltkreis aktiviert. Mit dem Chip-enable-Signal kann mit Hilfe von Adressen eine Auswahl zwischen mehreren im gleichen Rechnersystem arbeitenden Eingabe/Ausgabe-Schaltkreisen getroffen werden.
— das $IORQ$-Signal. Es wird aktiviert, wenn eine Dateneingabe oder -ausgabe erfolgen soll, denn es muß ja damit gerechnet werden, daß es auch noch andere Datentransferoperationen im Gesamtsystem — z. B. Speicheroperationen — gibt.
— das Taktsignal cp und das $SYNCH$-Signal. Sie dienen zur zeitlichen Koordinierung der inneren Vorgänge im vorliegenden Schaltkreis mit denen in anderen Schaltkreisen des Gesamtsystems, die die gleichen Takt- bzw. Synchronimpulse erhalten.
— das Signal $R/\overline{W}$ (read/write). Es bestimmt die Datenflußrichtung. Ist es aktiv (1), so erfolgt über das Eingaberegister eine Dateneingabe; ist es inaktiv (0), so erfolgt eine Datenausgabe über das Ausgaberegister.
— die Signale RDY (ready) und STB (strobe). Sie sind sog. Handshake-Signale, die der Synchronisation externer Geräte mit dem Arbeitsrhythmus

eines Rechnersystems dienen. Das geht wie folgt vor sich: Ist unser E/A-Schaltkreis bereit für eine Datenaufnahme bzw. Datenausgabe, so signalisiert er dies dem externen Gerät durch Aktivierung des RDY-Signals (1). Bedient das externe Gerät den Schaltkreis (Daten aufgenommen bzw. abgegeben), so quittiert es dies durch Aktivierung des STB-Signals (1). Diese Quittung wird bei einigen E/A-Schaltkreisen auch zur Generierung eines INT-Signals (Interrupt) benutzt, das z. B. dem Mikroprozessorschaltkreis (s. Abschnitt 3.6.2.) mitgeteilt wird, worauf dieser z. B. weitere Eingabe- und Ausgabeoperationen im Rahmen einer Interruptroutine ablaufen läßt.

Die Funktion der Handshake- und Steuerlogik wollen wir an einer **Ausgabeoperation** zeigen: Im ersten Schritt wird der Schaltkreis mit CE aktiviert (CE wird z. B. aus einem Adressensignal des Mikroprozessorschaltkreises erzeugt). Außerdem wird der Zyklus durch die Aktivierung des $IORQ$-Signals eingeleitet. Daß es sich um eine Ausgabeoperation handeln soll, erfährt der

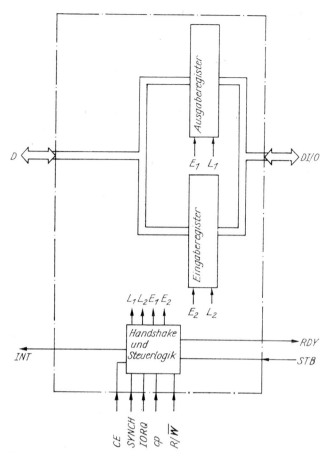

Bild 101. Systemarchitektur eines PIO-Schaltkreises

E/A-Schaltkreis durch den Low-Pegel (Ø) am $R/\overline{W}$-Eingang. Nun wird von der Steuerlogik das Load-Signal L_1 generiert

$$L_1 = IORQ \cdot \overline{R/\overline{W}} \cdot CE \cdot \overline{RDY}, \tag{73}$$

um die Daten von D in das Ausgaberegister zu laden. Einige Takte cp nach Aktivierung von $IORQ$ werden das Enable-Signal E_1 und das Ready-Signal RDY aktiviert (diese Takte müssen vergehen, damit die Daten im Ausgaberegister stabilisiert werden), wodurch der Ausgang des Ausgaberegisters aktiviert wird und dieser Bereitschaftszustand dem externen Gerät mitgeteilt wird. Gleichzeitig wird L_1 wieder inaktiv (s. (73)), damit nicht eventuell während des Übergabeprozesses an das externe Gerät (der je nach Tätigkeit dieses Gerätes einige Zeit dauert) die Daten im Ausgaberegister von einem neuen an D anliegenden Wort überschrieben werden.
Ist das externe Gerät mit der Datenübernahme fertig, so kommt der STROBE-Impuls STR, der RDY und E_1 und L_1 wieder auf Ø setzt und ein Interrupt-Signal generiert.
Gleiche Überlegungen gelten für die Eingabe.

3.6.5. Schaltkreise für serielle Eingabe/Ausgabe (SIO)

Insbesondere für die Zusammenschaltung mit seriellen Speichermedien (z. B. Magnetband, CCD-Speicher, ...) und die Datenübertragung über e i n e Leitung ist eine serielle Dateneingabe und -ausgabe erforderlich. Dabei werden die Daten Bit für Bit übertragen. Die Rechnersysteme arbeiten aber in der Regel parallel, d. h. mit N bit breiten Wörtern (z. B. 8 bit $\widehat{=}$ 1 byte). Deshalb muß in einem SIO-Schaltkreis neben einer Reihe von Steuervorgängen bei der Ausgabe eine Parallel-Serien-Wandlung, bei der Eingabe eine Serien-Parallel-Wandlung ausgeführt werden (s. Abschnitt 3.3.6.2.).
Bevor wir die Systemarchitektur eines SIO-Schaltkreises und dessen Funktion beschreiben, müssen wir zunächst die serielle Datenstruktur betrachten. Wir wollen uns dabei der Einfachheit halber auf die asynchrone Übertragung von Daten mit konstanter Wortlänge ($N=8$) beschränken. Ein asynchrones Datenwort konstanter Länge von 8 bit mit einem Startbit (∅) am Anfang und einem Stopbit (1) am Ende ist im Bild 102 gezeigt.

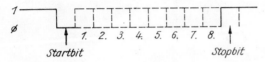

Bild 102. Datenformat bei asynchroner serieller Datenübertragung konstanter Wortlänge

Der Beginn des asynchronen Datenwortes wird am High-Low-Übergang des Startbits erkannt.
Die vereinfachte Systemarchitektur eines SIO-Schaltkreises zeigt Bild 103. Für den Sendeteil und für den Empfangsteil werden je ein Buffer-Register (8-bit-Sendedaten- und Empfangsdatenregister) für den Anschluß an den parallelen Datenbus D und ein 10-bit-Sendeschieberegister bzw. ein 8-bit-Empfangsschieberegister für den seriellen Datentransfer in das externe Gerät verwendet. Das 10-bit-Sendeschieberegister enthält außer dem 8-bit-Datenwort noch das Startbit (∅) und das Stopbit (1). Die Steuerlogik erzeugt die Load- und Enable-Signale für die Registereingangs- und Registerausgangsaktivierung $L_1, L_2, L_3, E_1, E_2, E_4$ sowie die Schiebetakte cp_1, cp_2, die internen Reset-Signale und die externen INT-Signale zur Auslösung einer Interrupt-Routine im Mikroprozessorschaltkreis, das Signal W/RDY (wait/ready), das anzeigt, daß der Schaltkreis zur Eingabe von Daten bereit ist, und das Signal RTS (request to send), das anzeigt, daß ein byte zum Aussenden bereitsteht, sowie das Signal DTR (data terminal ready), das die generelle Bereitschaft zum Datentransfer signalisiert. Als Eingangssteuersignale wirken – wie auch schon beim PIO-Schaltkreis im Abschnitt 3.6.4. – die Signale CE, $IORQ$, cp, $R/\overline{W}$, $SYNCH$. Zusätzlich ist noch der externe Rücksetzeingang $RESET$ vorhanden.
Verfolgen wir nun die Funktion zunächst am Beispiel der Datenausgabe. Dieser Zyklus wird durch die Aktivierung der Signaleingänge CE und $IORQ$ eingeleitet. Datenausgabe wird durch $R/\overline{W}=∅$ festgelegt. Im ersten Takt wird das interne Load-Signal L_1 aktiv, wodurch das Datenwort vom Bus D in das Sendedatenregister geladen wird. Im nächsten Takt wird dieses durch Aktivieren des Enable-Signals E_1 (L_1 wird wieder inaktiv) und des Load-Signals L_3 in das Sendeschieberegister (Bitstellen 2 bis 9) geladen. Beim asynchronen

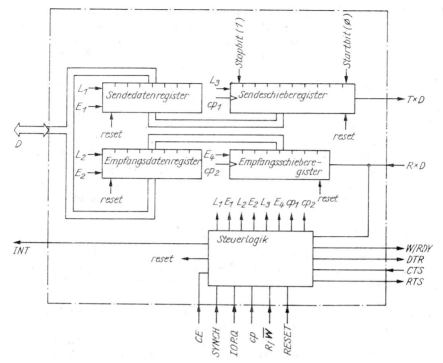

Bild 103. Systemarchitektur eines SIO-Schaltkreises

Datentransfer wird auf Bitstelle 1 eine Ø für das Startbit und auf Bitstelle 10 eine 1 für das Stopbit geladen[1]). Nun werden die externen Signale DTR und RTS ausgesendet. Ist der Empfänger bereit, so erfolgt am Eingang des Schaltkreises die Aktivierung des Signals CTS (clear to send). Dieses löst die Erzeugung von 10 Schiebetakten cp_1 aus, die mit Hilfe eines 1 : 16-Teilers im Steuerwerk aus dem externen Taktimpuls cp gewonnen werden. Gleichzeitig erfolgt das Zählen der Taktimpulse. Nach dem 10. Impuls ist der Datentransfer beendet, alle internen und externen Steuersignale sind inaktiv, und ein neuer Datentransfer kann durch erneutes Aktivieren der Signale CE und $IORQ$ ausgelöst werden.

Nun wollen wir einen **Eingabezyklus** betrachten: Diesen Fall erkennt der SIO-Schaltkreis an der Signalbelegung $R/\overline{W} = 1$. Es wird die Bereitschaft zur Datenaufnahme mit dem Signal W/RDY (wait/ready for data receiving) und durch das Signal DTR signalisiert.

Jetzt wird von der Steuerlogik der serielle Dateneingang $R \times D$ nach dem Startbit (Ø) abgesucht. Solange $R \times D = 1$ ist, passiert gar nichts. Wird dagegen $R \times D = Ø$ erkannt, so beginnt im Steuerwerk der vom externen Taktimpuls cp gesteuerte 1 : 16-Teiler zu zählen. Bleibt das $R \times D$-Signal 8 Takte cp lang auf Ø (das entspricht der Mitte des Startbits), so wird das Startbit akzeptiert (es hätte ja auch nur eine kurzzeitige Störung am Ein-

---

[1]) In realen Schaltkreisen können auch 2 Stopbits und außerdem noch Paritätsbits geladen werden. Paritätsbits werden zur Aufdeckung von Übertragungsfehlern benötigt. Wir müssen dies aber im Interesse einer möglichst einfachen und übersichtlichen Erklärung hier ausklammern.

gang $R \times D$ sein können) und der erste Schiebetakt cp_2 ausgesendet. Nach 16 weiteren Takten cp wird der 2. Schiebetaktimpuls cp_2 ausgesendet usw. Nach 9 Schiebetakten cp_2 steht im Empfangsschieberegister das empfangene Wort. Der Schiebetaktzähler wird zurückgesetzt und kein weiterer Schiebetaktimpuls cp_2 erzeugt. Anschließend erfolgt die Aktivierung des Ausganges des Empfangsschieberegisters mit dem Enable-Signal E_4 und die Aktivierung des Einganges des Empfangsdatenregisters mit dem Load-Signal L_2. Im nächsten Takt werden diese Signale wieder inaktiv und das Enable-Signal E_2 aktiv, wodurch der Inhalt des Empfangsdatenregisters parallel auf den Datenbus D ausgegeben wird.

Durch das CTS-Signal kann auch eine Aufforderung an den SIO-Schaltkreis gegeben werden. Es wird ein Interrupt-Signal INT generiert und dadurch der angeschlossene Mikroprozessorschaltkreis (s. Abschnitt 3.6.2.) zur Ausführung einer Interrupt-Routine (z. B. Ausgaberoutine) veranlaßt.

3.6.6.   Schaltkreise für CRT-Terminal (VIA)

Zur Steuerung komplizierter externer Geräte wie Bildschirmanzeigen (CRT cathode ray tube), Eingabetastaturen (keyboards) u. a. sind spezielle Schaltungen erforderlich, die i. allg. den Umfang eines LSI-Schaltkreises haben.

Als Beispiel für diese Klasse von Schaltkreisen wollen wir eine **CRT-Anzeigeschaltung** betrachten. Dazu soll zunächst die Aufgabe erläutert werden:

Auf einem Fernsehbildschirm (CRT-Bildschirm) sollen Buchstaben und Ziffern (alphanumerische Zeichen) dargestellt werden, wie sie z. B. von einer Tastatur eingegeben werden oder wie sie in einem Speicher stehen. Gemäß einer Norm (z. B. ASCII) können diese Zeichen in einem Punktraster aus 5 Spalten und 7 Reihen dargestellt werden. Im Bild 104 sind als Beispiel der Buchstabe A und die Ziffer Ø gezeigt. Die 5 Bits in einer Reihe $x_1 \ldots x_5$ haben dann z. B. beim Buchstaben A in der 3. Reihe (Adresse Ø1Ø) das Bitmuster $x_1 \ldots x_5 = 1\emptyset\emptyset\emptyset1$. Da diese Bitmuster genormt sind, können sie für jedes Zeichen in einem ROM gespeichert werden. Einen solchen ROM bezeichnet man dann als Zeichengenerator (character generator). Bild 105 zeigt die Systemarchitektur einer CRT-Anzeigeschaltung einschließlich Zeichengenerator und RAM für die Speicherung einer Textseite (Videointerfaceadapter = VIA).

Im folgenden werden die wesentlichen Funktionseinheiten beschrieben.

Der **Text-RAM** enthält die Kodewörter aller Zeichen, die auf dem Bildschirm dargestellt werden sollen. Beträgt der Zeichenvorrat z. B. 128 verschiedene Zeichen, so muß ein Kodewort für ein Zeichen eine Länge von 7 bit haben ($2^7 = 128!$).

Werden 32 Zeilen mit maximal 32 Zeichen auf dem Bildschirm dargestellt, so müssen 1024 (7-bit-) Kodewörter auf einmal im RAM gespeichert werden. Jedem Zeichen muß eine Adresse für die Plazierung auf dem Bildschirm zugeordnet werden. Zur Adressierung der 32 Zeichen in einer Zeile sind die 5 Spaltenadressen $A_0 \ldots A_4$ erforderlich ($2^5 = 32!$). Zur Adressierung der 32 Zeilen sind die 5 Zeilenadressen $A_5 \ldots A_9$ erforderlich. Die 10 Adressensignale $A_0 \ldots A_9$ können entweder von außen, z. B. von einem Mikroprozessorschaltkreis, zugeführt werden (wenn ein neues Zeichen in den Text-RAM eingeschrieben wird) oder zyklisch von den Spalten- und Zeilenzählern (s. u.)

geliefert werden (wenn der Inhalt des Text-RAM auf dem CRT-Bildschirm wiederholt mit 50 Bildern je Sekunde dargestellt werden soll). Ob der externe Adreßbus $A = A_0 \ldots A_9$ oder die Zählerausgänge auf die Adreßeingänge $A_0 \ldots A_9$ des Text-RAM geführt werden, wird von einem Multiplexer (MUX) gesteuert. Das Steuersignal x des MUX wird von einem externen *STROBE*-Signal, das z. B. auch ein Chipselect-Signal des Mikroprozessorschaltkreises

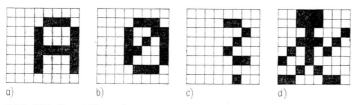

a)   b)   c)   d)

Bild 104. *Darstellungsformen*
a) von Buchstaben; b) von Ziffern; c) von Zeichen; d) von Grafik im 8×8-Punktraster

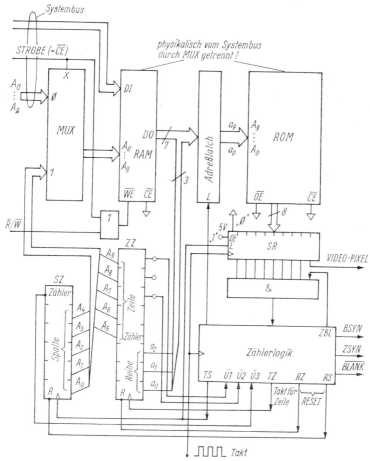

Bild 105. Blockschaltbild eines Videointerfaceadapters (VIA)

sein kann, gebildet. Ist $x = STROBE = \emptyset$, so gelangt der externe Adreßbus A an die Adreßeingänge des Text-RAM, im anderen Fall ($x = 1$) gelangen die Zählerausgänge an die Adreßeingänge des Text-RAM.

Der **Spaltenzähler** erhält seinen Zählimpuls vom Load-Signal L des Schieberegisters. Bei jedem Ladevorgang einer Reihe eines Zeichens wird damit der Spaltenzähler um 1 weitergerückt, d. h. die gleiche Reihe des nächstfolgenden Zeichens zum Laden vorbereitet, usw. Sind alle 32 Zeichen durchgezählt, entsteht ein Überlauf Ü3 im Spaltenzähler, der einen **Reihenzähler** um 1 weiterzählt, d. h., es wird nun die nächste Reihe aller Zeichen einer Zeile geschrieben. Sind 8 Reihen einer Zeichenzeile dargestellt, folgt der Überlauf des Reihenzählers, der den **Zeilenzähler** um 1 weiterschaltet. Das heißt, nun beginnt der ganze Zyklus (1. Reihe aller Zeichen einer Zeile, 2. Reihe aller Zeichen einer Zeile, . . .) der Darstellung der Reihen aller Zeichen einer Zeile für die nächste Zeile von neuem usw. Sind alle 32 Textzeilen abgearbeitet, folgen noch weitere Zeilen des dunkelgetasteten Elektronenstrahls (unter Bildrand) und schließlich der Rücksprung zu einem neuen Bildanfang. Der **Zeichen-ROM** (character generator) erhält die Information über das gewünschte Zeichen durch ein 7-bit-Kodewort an den Adreßeingängen $A_3 \ldots A_9$ vom Text-RAM und die Information, welche Reihe dieses Zeichens gerade dargestellt werden soll, über die Adreßeingänge $A_0 \ldots A_2$ vom Reihenzähler. Die Ausgänge $O_1 \ldots O_8$ des Zeichen-ROM sind die Signale $x_1 \ldots x_8$ für Rasterpunkte in jeweils einer Reihe eines Zeichens (s. Bild 104). Diese werden in ein Schieberegister geladen. Das **Schieberegister** dient zur Parallel-Serien-Wandlung. Mit dem Load-Signal L werden die Ausgänge $O_1 \ldots O_8$ Rasterpunktsignale in den Reihen eines Zeichens) in die Registerzellen 2 bis 9 geladen. Gleichzeitig wird in die 1. Registerzelle eine $\emptyset$ geladen. Nach dem Laden wird $L = \emptyset$, da zumindest ein Eingang des UND-Gatters (1) auf $\emptyset$ ist. Mit $L = \emptyset$ wird gleichzeitig der Schiebetakt cp freigegeben. Nach 8 Schiebetaktimpulsen steht auf den Registerzellen 1 bis 8 eine 1, da der serielle Dateneingang DE stets auf 1 liegt. Dadurch wird mit dem **UND**-Gatter (1) ein neuer Load-Impuls L ausgelöst, die Rasterpunkte einer Reihe des nächsten Zeichens in das Schieberegister geladen, ausgeschoben usw.

Die Zeile 9 des Schieberegisters liefert das *VIDEO*-Signal, d. h. die Folge aller Helltastimpulse der Rasterpunkte der Reihen aller Zeichen in den Textzeilen nacheinander.

In der **Zählerlogik** werden das Zeilensynchronsignal *ZSYN*, das Bildsynchronsignal *BSYN* und das Austastsignal $\overline{BLANK}$ erzeugt.

Das Zeilensynchronsignal kann aus einem 8- (bzw. 9-) stufigen Binärzähler gewonnen werden, der mit dem Systemtakt cp von 8 MHz gesteuert wird. Bei einer Zeilendauer von 64 µs (das entspricht der Gerätenorm für Fernsehempfänger) hat eine Zeile somit 512 Impulse. Da wir für die 32 Zeichen mit je 8 Taktimpulsen 256 Impulse benötigen, bleiben für den vorderen und hinteren Bildrand je 128 Impulse bei denen das $\overline{BLANK}$-Signal $\emptyset$ sein muß. Der *ZSYN*-Impuls steuert wieder einen 9stufigen Binärzähler, der $2^9 = 512$ Zeilen zählt und nach der letzten Zeile (mit Zeile ist hier die Zeile eines Elektronenstrahls gemeint, das entspricht der Reihe der Zeichen!) den Bildsynchronimpuls *BSYN* erzeugt. Da für die 32 Zeilen zu je 8 Reihen 256 Zeilen des Elektronenstrahls erforderlich sind, bleiben für den oberen und unteren Bildrand noch je 128 Zeilen des Elektronenstrahls, womit $\overline{BLANK} = \emptyset$ der Elektronenstrahl dunkelgetastet werden muß.

Schließlich können das Signal *VIDEO* und die Synchronimpulse *ZSYN* und *BSYN* noch über ein Misch-Gatter zum *BAS*-Signal zusammengeführt werden, wie das im Bild 105 nicht gezeigt ist. Das **Schreiben** eines neuen Textzeichens in den RAM erfolgt durch Aktivierung der Signale *STROBE* = Ø und $R/\overline{W}$ = Ø. Bei einer Zykluszeit von t_c = 0,25 µs für den Text-RAM wird der Anzeigezyklus auf dem CRT-Displaybildschirm nur zwei Takte des Impulses ($\triangleq 2$ Rasterpunkte eines Zeichens) unterbrochen, da bei cp = 8 MHz die Impulsdauer von cp 0,125 µs beträgt. Das fällt bei der Bilddarstellung kaum auf.

Alle Funktionseinheiten des Systems im Bild 105 könnten auf einem LSI-Schaltkreis integriert werden. Im Interesse der Flexibilität (z. B. Zeichenvorrat, Rasternorm, Bildformat, Steuerung, ...) wird aber oft eine Vierteilung vorgenommen:

− Zeichen-ROM (character generator)
− Text-RAM (im Hauptspeicher eines Rechnersystems)
− CRT-Controller (enthält die Zähler, Logik und Buffer)
− Serien-Parallel-Wandler (enthält Schieberegister und Logik).

3.6.7. Konsumgüterschaltkreise

Konsumgüterschaltkreise sind z. B.

− Uhrenschaltkreise
− Fernsehspiele
− Steuerschaltkreise für Haushaltgeräte.

Uhrenschaltkreise sind im wesentlichen Frequenzteiler bzw. -zähler, die zunächst die von einem stabilen Quarzoszillator erzeugte Frequenz (meist $\approx$ 32 kHz) auf eine Impulsfolge mit einer Dauer von 1 Sekunde (Sekundentakt) herunterteilen. In einer ersten Zählerstufe werden dann die Einer der Sekunden gezählt (im BCD-Kode, s. Tafel 3) und einem Anzeigeelement (z. B. Flüssigkristalldisplay) zugeführt. Ein Übertrag in die nächstfolgende Zählerstufe für die Zehner der Sekunden erfolgt nach dem Zählerstand 9, also beim 10. Sekundenimpuls. Durch den Übertragsimpuls wird gleichzeitig die Zählerstufe für die Einer auf 0 zurückgesetzt. Aus der Zählerstufe für die Zehner der Sekunden erfolgt ein Übertrag in die folgende Zählerstufe für die Einer der Minuten nach dem Zählerstand 5 für die Zehner und 9 für die Einer, also beim 60. Sekundenimpuls. Gleichzeitig werden die Sekundenzähler zurückgesetzt. Auf gleiche Weise funktioniert das nun mit den Minuten, Stunden, Tagen, Monaten, ... Uhrenschaltkreise werden meist in CMOS-Technik ausgeführt.

Steuerschaltkreise für Haushaltgeräte, z. B. für eine Waschmaschine, arbeiten − sehr vereinfacht ausgedrückt − nach dem Prinzip eines Steuerwerkes entsprechend Bild 78. Es ist nochmals im Bild 106 wiedergegeben. Als Eingangssignale wirken Programmsignale und externe Steuersignale. Die Programmsignale teilen dem Steuerwerk mit, welches Programm (z. B. „Feinwäsche ohne Schleudern" o. a.) abzuarbeiten ist. Bei 3 Programmsignalleitungen könnten z. B. 2^3 = 8 Programme abgearbeitet werden. Die externen Steuersignale sind z. B. Signale, die von äußeren Meßfühlern oder Stellgliedern abgegeben werden (z. B. Wasserfüllstand in der Maschine, Tem-

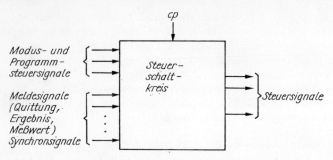

Bild 106. Prinzip eines allgemeinen Steuerschaltkreises, z. B. für Haushaltgeräte

peratur,...). Die Ausgangssignale sind (Mikro-)Operationssignale für äußere Stellglieder, z. B. Magnetventile, Steuerung der Motordrehzahl u. a.

Ein solcher Steuerschaltkreis kann also i. allg. keine Rechnungen oder Verknüpfungsoperationen durchführen, was ein Mikroprozessorschaltkreis (s. Abschnitt 3.6.2.) kann. Ein Steuerschaltkreis kann aber stets von einem Mikroprozessorschaltkreis ersetzt werden. Ob das allerdings immer die beste technische Lösung ist, muß vom Ingenieur von Fall zu Fall entschieden werden.

Fernsehspielschaltkreise erzeugen Impulse zur Helltastung des Elektronenstrahls der Bildröhre, die

— in einem festen Zeitbezug zu Zeilen- und Bildsynchronimpulsen stehen (das trifft zu auf die Helltastimpulse zur Darstellung des Spielfeldrandes (FIELD), oder nur

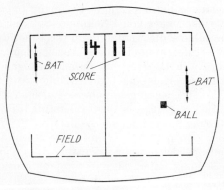

Bild 107. Darstellung von Spielfeld, Spieler, Ball und Ergebnis eines Fernsehspieles

— in einem festen Zeitbezug zu den Zeilensynchronimpulsen stehen (das trifft zu für alle vertikal verschiebbaren Objekte, also z. B. die Schläger der Spieler, BAT, s. Bild 107) oder
— in keinem festen Zeitbezug zu den Synchronimpulsen stehen (das trifft zu auf horizontal und vertikal bewegliche Objekte, also auf den BALL).

Schaltungstechnisch werden diese Impulse mit Zählern (bzw. Schieberegistern) und angeschlossenen NOR-Matrizen als Logik erzeugt. Die Taktung der Zähler erfolgt mit einem Systemtakt cp, der z. B. bei einer Frequenz von

2 MHz Strichlängen von minimal 0,25 μs (Tastverhältnis von 1 vorausgesetzt) erzeugt.

Der Ball wird meist mit fünf 1 μs langen Impulsen in 5 aufeinanderfolgenden Zeilen dargestellt und ist damit etwa ein Quadrat (s. Bild 107). Die Schläger sind z. B. vertikal verschiebbar. Das wird über Schiebewiderstände und die damit verbundene Einstellung einer RC-Zeitkonstanten realisiert. Die RC-Zeitkonstante (die Kapazität wird vor jeder Bilddarstellung mit dem Bildsynchronimpuls entladen) steuert die Zähldauer eines Zeilenzählers. Je weiter (länger) dieser Zähler zählt, in einer um so späteren Zeile beginnt die Darstellung des Schlägers, d. h., um so weiter unten im Bild wird der Schläger abgebildet.

Bei der Bewegung des Balls wird zur Steuerung zusätzlich eine Reihe von logischen Verknüpfungen zwischen den Impulsen, die den Ball darstellen, und den Impulsen, die die Spielfeldumrandung (Richtungsänderung infolge Reflexion am Spielfeldrand) oder die Schläger (Richtungsänderung am Schläger) erzeugen, ausgeführt.

Tritt der Fall ein, daß der Markierungsimpuls des Balls und ein Markierungsmpuls des Spielfeldes oder des Schlägers gleichzeitig auftreten, werden
– ein akustisches Signal (piep) und
– ein Signal zur Richtungsänderung erzeugt.

Außerdem kann das Spielergebnis (SCORE) noch auf dem Bildschirm angezeigt werden, wie dies im Bild 107 gezeigt ist.

3.7. Simulation integrierter Schaltungen und Modelle integrierter Bauelemente

Da bei integrierten Schaltungen eine Präparation eines Chips sehr teuer ist, können nicht beliebig viele Probedurchgänge durchgeführt werden, um die ordnungsgemäße Funktion zu prüfen, Fehler zu finden und zu korrigieren, wie das in der klassischen Schaltungstechnik mit diskreten Bauelementen in Form einer Brettschaltung noch möglich war.

Anstelle der Brettschaltung bzw. der Versuchspräparation muß nun die Simulation treten. Die Simulation erfolgt mit elektronischen Rechenanlagen und entsprechenden Programmen. Gemäß Bild 22 haben wir zwischen Logik- und Netzwerksimulation zu unterscheiden.

3.7.1. Logiksimulation

Ausgangspunkt der Logiksimulation ist ein Logikschaltbild, in dem die einzelnen kombinatorischen und sequentiellen Verknüpfungen mit den Logiksymbolen für die Gatter (s. Bilder 30d, 32b, 33b) und die Flipflops (s. Bilder 62b, 66b, 72a, 75) dargestellt werden. Auch dieser Schritt kann mit entsprechenden Rechnerprogrammen automatisiert werden, indem der Rechner aus der Transistorschaltung die Gatterdarstellung erzeugt.

Jedes Gatter wird bei der Logiksimulation durch seine logische Funktion (NAND, NOR, Flipflop ...), eine (oder mehrere) Verzögerungszeiten zwischen Eingangs- und Ausgangssignalen und durch seinen Platz in der Gesamtschaltung (Knotennummer der Eingangs- und Ausgangssignale) beschrieben.

Das Logiksimulationsprogramm berechnet dann für die verschiedenen Eingangssignalbelegungen (Einsen und Nullen) und den aktuellen Takt (inneren Zustand) die Zustände, ausgedrückt durch Nullen und Einsen aller Knoten der Schaltung, woraus die ordnungsgemäße Funktion festgestellt werden kann (oder nicht).

3.7.2. Netzwerksimulation

Bei der Netzwerksimulation werden im Unterschied zur Logiksimulation nicht nur die logischen Zustände 1 oder Ø der Knoten einer integrierten Schaltung berechnet, sondern die Zeitfunktionen der Ströme und Spannungen. Meist werden Knotenspannungen berechnet (Knotenspannungsanalyse).

3.7.2.1. Netzwerkmodell

Zu Beginn und als Voraussetzung der Netzwerkanalyse muß zunächst die Transistorschaltung aufgezeichnet werden, wie das an einem Beispiel im Bild 108 geschehen ist.

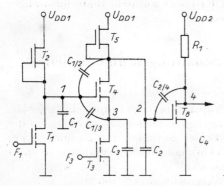

Bild 108. Beispiel einer MOS-Schaltung

Zunächst werden alle Knoten durchnumeriert (1 ... 4). Das gleiche erfolgt mit den Transistoren ($T_1 \ldots T_6$). Jedem Knoten wird eine Knotenkapazität ($C_1 \ldots C_4$) zugeordnet. Außerdem können noch Koppelkapazitäten zwischen Knoten ($C_{1/2}$, $C_{1/3}$, $C_{2/4}$) und auch Widerstände (in unserem Beispiel R_1) auftreten. Schließlich erfolgt noch die Bezeichnung der Steuerfunktionen (in unserem Beispiel F_1, F_3) und der Speisespannungen (U_{DD1}, U_{DD2}).

3.7.2.2. Elemente des Netzwerkmodells

Kapazitäten

Es ist zwischen MIS- und Sperrschichtkapazitäten zu unterscheiden:

MIS-Kapazität. Sie wird gebildet von der Struktur Gate (Metall bzw. Poly-Silizium – Isolator (SiO$_2$) – Halbleiter (Silizium) (s. Bild 109). Sie berechnet sich aus

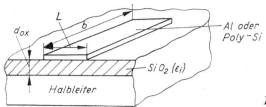

Bild 109. MOS-Kapazität

$$C_{ox} = \frac{\varepsilon_i}{d_{ox}} bL \tag{74}$$

und kann damit bei vorgegebener Technologie ($\varepsilon_i = 3 \cdot 10^{-13}$ A $\cdot$ s/V $\cdot$ cm für SiO$_2$, $d_{ox} \approx 20 \ldots 2000$ nm) aus den geometrischen Daten des Layouts b, L (s. Bild 109) ermittelt werden. Die Entnahme der Layoutdaten b, L von „Hand" ist sehr mühselig und wird heute ebenfalls mit Rechnerprogrammen erledigt [24].

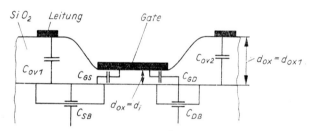

Bild 110. Verschiedene Kapazitätsanteile an einer MOS-Transistorstruktur

MOS-Kapazitäten können in vielfältiger Form vorkommen (s. dazu Bild 110):

— als Kapazitäten zwischen Gate und Source (C_{GS}) bzw. zwischen Gate und Drain (C_{GD}) eines MOS-Transistors.
— als Kapazitäten von Metall- bzw. Poly-Silizium-Verbindungsleitungen gegen Substrat (C_{ov2}) bzw. gegen Source und Drain (C_{ov1}).

Sperrschichtkapazitäten. Sie treten an den pn-Übergängen Drain — Substrat und Source — Substrat auf (C_{DB} bzw. C_{SB} im Bild 110). Sie berechnen sich nach den Beziehungen

$$C_{DB} = bL\ C_s'' \ (1 + U_{DB}/\text{in V})^{-0,4} \tag{75}$$

$$C_{SB} = bL\ C_s'' \ (1 + U_{SB}/\text{in V})^{-0,4}. \tag{76}$$

C_s'' ist eine flächenbezogene Kapazität, die von der Technologie (Dotierung) bestimmt wird (Zahlenwert $C_s'' \approx 0,15$ pF/1000 μm^2). b und L sind wieder die Layoutdaten (Breite und Länge) der Drain- und Sourcegebiete (A-Gebiet).

Aus (75) und (76) erkennt man, daß die Sperrschichtkapazitäten spannungsabhängig sind, während für die MIS-Kapazitäten näherungsweise konstante Werte eingesetzt werden können. Für die Gatekapazitäten C_{GD}, C_{GB} kann

107

folgende grobe Bemessung angewendet werden:

$$C_{GD} = C_{GS} = \frac{1}{2} \frac{\varepsilon_i}{d_i} bL .$$ (77)

b und L sind Breite bzw. Länge des Gates (B-Gebiet über A-Gebiet minus Verkürzung).

Widerstände

Widerstände werden mit diffundierten, implantierten und Poly-Silizium-Schichten erzeugt (s. Bild 111).

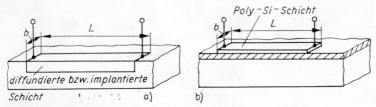

Bild 111. Widerstände

a) diffundierter Widerstand; b) Dünnschichtwiderstand

Für den Widerstandswert gilt

$$R = R_S \frac{b}{L} .$$ (78)

R_S ist der Schichtwiderstand (Widerstand einer quadratischen Widerstandsschicht). Es gilt

$R_S = 20 \ldots 200 \; \Omega$ für diffundierte Widerstände
$R_S = 1 \ldots 50 \; k\Omega$ für implantierte Widerstände
$R_S = 100 \; M\Omega$ für nichtdotierte Poly-Silizium-Schichten.

Auch bei den Widerständen müssen die zur Bemessung erforderlichen geometrischen Daten b, L aus dem Layout entnommen werden. Das erfolgt ebenfalls von Hand oder mit einem Rechnerprogramm [24].

MOS-Transistoren

MOS-Transistoren werden im Netzwerkanalyseprogramm durch eine Stromfunktion modelliert, wie dies im Bild 112 gezeigt ist. Der Transistorstrom I ist von den 3 Knotenspannungen U_a, U_b, U_c (und strenggenommen auch noch vom Potential des Substrates) abhängig. In der allereinfachsten Form lautet die Stromfunktion [3]

$$I = \begin{cases} 0 & \text{für} \quad U_c - U_a < U_p & (79) \\[2mm] \dfrac{b}{L} K' [(U_c - U_a) - U_p]^2 & \text{für} \quad U_p < U_c - U_a - U_p \leqq U_b - U_a & (80) \\[2mm] \dfrac{b}{L} K' [2(U_c - U_a - U_p)(U_b - U_a) - (U_b - U_a)^2] & (81) \\ \qquad \text{für} \quad U_c - U_a - U_p > U_b - U_a \end{cases}$$

Hier treten als Modellkonstanten nur die Schwellspannung $U_p \approx 1$ V für Enhancement- und $U_p = -3$ V für Depletiontransistoren und die Transistor-

konstante K' ($\approx 10\ \mu A/V^2$) auf. Die Breite b und Länge L müssen wieder dem Layout entnommen werden (von „Hand" oder mit Programm).
Moderne Netzwerkanalyseprogramme verwenden genauere Transistormodelle mit mehreren Modellkonstanten [23].

3.7.2.3. Speisespannungen und Steuerfunktionen

Die Speisespannungen werden einfach mit einem konstanten Wert belegt (z. B. $U_{DD1} = 5$ V, $U_{DD2} = 12$ V).
Die Steuerfunktionen (F_1, F_3, ...) sind dagegen Zeitfunktionen, die oft in Form der im Bild 113 gezeigten Rampenfunktionen dargestellt werden.

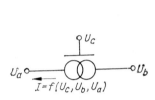

Bild 112. MOS-Transistor als gesteuerte Stromquelle

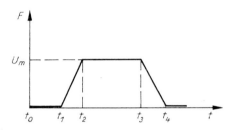

Bild 113. Steuerfunktion

3.7.2.4. Netzwerkanalyseprogramm

Ein Netzwerkanalyseprogramm löst die Differentialgleichungen, die sich wegen der Strom-Spannungs-Beziehung an einer Knotenkapazität C_K

$$i_{Kzu} - i_{Kab} = C_K \frac{du_K}{dt} \qquad (82)$$

für alle Zweigströme und Knotenspannungen ergeben.
Die Aufstellung der Gleichungen erfolgt von diesen Programmen auch selbständig, so daß der Nutzer nur die Bauelemente nach Größe und Zusammenschaltung sowie die Steuerfunktionen und Speisespannungen gemäß Abschnitt 3.7.2.2. eingeben muß (z. B. über eine Eingabetastatur), und das Programm erzeugt alles weitere.
Als Ergebnis druckt das Programm je nach Wunsch die Zeitverläufe aller Knotenspannungen aus.
Wird eine Netzwerksimulation vor dem Layoutentwurf durchgeführt, so müssen für die layoutbedingten Bauelementeparameter zunächst Schätz- der Worst-case-Werte eingesetzt werden.

3.7.2.5. Ereignisorientierte Netzwerksimulation für LSI- und VLSI-Schaltkreise

Für Schaltkreise mit mehr als etwa 500 Knoten eignen sich klassische Netzwerkanalyseprogramme (z. B. SPICE, MISNET [23]) nicht. Hierfür sind spezielle Programme (z. B. LSINET [29]) entwickelt worden, die auf einfachen Integrationsformeln und Bauelementemodellen beruhen und in jedem Zeitschritt nur die Knotenspannungen in den Knoten berechnen, in denen etwas Wesentliches geschieht (aktuelle Knotenliste).

3.7.3. Systemsimulation

Bei sehr großen Schaltkreisen ist nach dem System- bzw. Logikentwurf eine Systemsimulation z. B. auf Registerebene erforderlich. Bei dieser Simulation wird anhand der Registerinhalttransfers die richtige Abarbeitung der Befehle kontrolliert. Man kann sich bei dieser Simulation auf hoher Ebene (higher level simulation) auch symbolischer Systembeschreibungssprachen bedienen.

3.8. Übungsaufgaben zum Schaltkreisentwurf

Aufgabe 1

Es ist das Layout für die Schaltung im Bild A.1 für Standard-NMOS-Siliziumgatetechnologie in den Schablonenebenen A, B, C, D, E, F auf Millimeterpapier im Maßstab 1 000 : 1 zu zeichnen. Die Entwurfsregeln gemäß Tafel 14

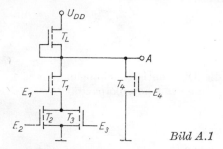

Bild A.1

und Bild 89 sollen mit den minimalen Stegbreiten $\delta = 3\ \mu$m gelten. Die elektronisch wirksame Kanallänge und Kanalbreite seien um je $\Delta L = 2\ \mu$m kleiner als das zeichnerische Maß des Poly-Silizium-Gates. Die minimale zulässige Kanallänge sei $L = 3\ \mu$m.

Für die Transistoren im Bild A.1 gelten die folgenden Kanalbreiten-zu-Kanallängen-Verhältnisse:

T_L	$b/L = 0,5$
T_1 bis T_3	$b/L = 6$
T_4	$b/L = 3.$

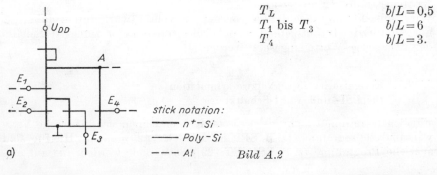

Bild A.2

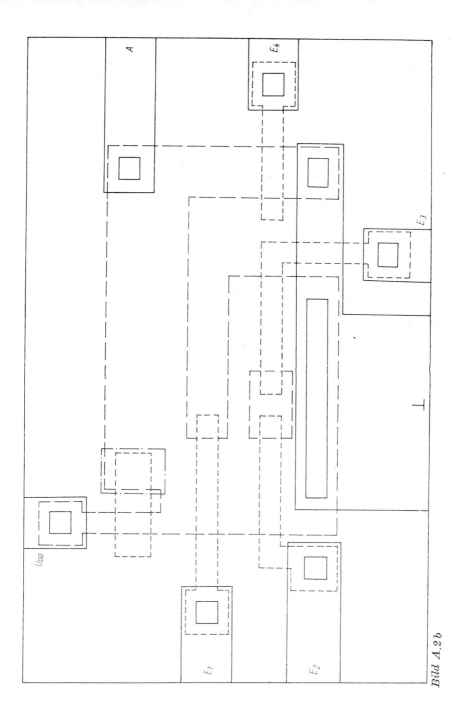

Bild A.2 b

Lösung

Zunächst zeichnet man sich einen Layoutgrafen (Bild A.2a), der die diffundierten Gebiete (A), die Poly-Silizium-Ebene (B) und die Aluminiumverbindungsleitungen (D) nur als Striche enthält und der bereits die prinzipielle topologische Zuordnung (einschließlich der Leitungskreuzungen) erkennen läßt. Sodann beginnt man mit dem Zeichnen der A-Schablone. Dazu müssen zunächst die zeichnerischen Breiten und Längen festgelegt werden.

zeichnerische Kanallänge ist gleich der Minimalbreite des Poly-Silizium-Gates $B1 = 2\delta = 6\ \mu$m. Die elektrische Kanallänge ist dann $L = 6\ \mu$m$-\Delta L$ $= 4\ \mu$m$> L_{\text{mfn}} = 3\ \mu$m! Für die elektrische Kanalbreite der Transistoren T_1 bis T_3 gilt $b = 6L = 24\ \mu$m, für T_4 gilt $b = 3L = 12\ \mu$m. Das zeichnerische Maß muß jeweils um $\Delta L = 2\ \mu$m größer sein, also $B_{1...3} = 26\ \mu$m bzw. $B_4 = 14\ \mu$m. Für den Lasttransistor ist der zeichnerische Wert der Minimalbreite des diffundierten Gebietes $A_1 = 2\delta = 6\ \mu$m maßgebend. Die elektronische Breite b des Lasttransistors ist dann $b = 2\delta - \Delta L = 4\ \mu$m. Bei $b/L = 0{,}5$ muß dann die elektronisch wirksame Kanallänge $L = 2b = 8\ \mu$m sein. Das zeichnerische Maß ist dann $L_A = L + \Delta L = 10\ \mu$m.

Im Bild A.2b ist die Layoutzeichnung als Lösung gezeigt.

Aufgabe 2

Es sind Logikschaltbild und CMOS-Schaltung (s. Abschnitt 3.2.2.2.) zur Realisierung folgender Logikfunktion zu entwerfen:

$$f = a \cdot \bar{b} \ \vee\ \bar{a} \cdot b, \tag{A.1}$$

Lösung

Das Logikschaltbild ist im Bild A.3, das CMOS-Schaltbild im Bild A.4 gezeigt.

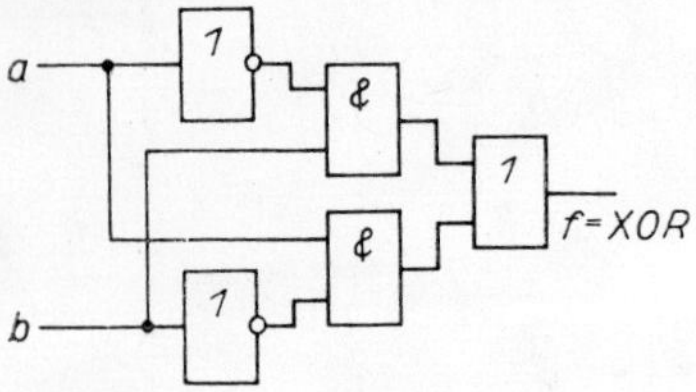

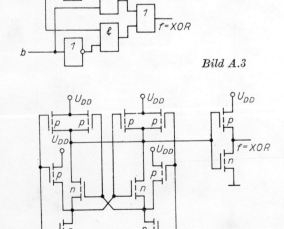

Bild A.3

Bild A.4

Aufgabe 3

Gegeben ist die im Bild A.5 gezeigte Logikschaltung mit NAND-Gattern:

a) Welche Schaltfunktion f wird am Ausgang realisiert?

b) Entwerfe eine Logikschaltung mit NOR-Gattern, die die gleiche Funktion f ausführt.

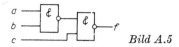

Bild A.5

Lösung

a) Aus Bild A.5 liest man ab

$$f = \overline{\overline{(a \cdot b)} \cdot c} = \overline{\overline{a \cdot b}} \vee \bar{c} = a \cdot b \vee \bar{c} = (\bar{a} \vee \bar{b}) \vee \bar{c}. \tag{A.2}$$

b) Man verwendet die gleiche Topologie wie im Bild A.5 und legt am Eingang und Ausgang die negierten Signale an. Auf diese Weise erhält man die Logikschaltung des Bildes A.6.

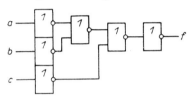

Bild A.6

Aufgabe 4

Es ist das Logikschaltbild einer DEMUX gemäß Bild A.7 und der Wahrheitstabelle nach Tafel A.1 zu entwerfen.

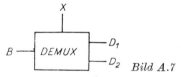

Bild A.7

Tafel A.1

X	$D_1\ D_2$
$\emptyset$	$B \quad \emptyset$
1	$\emptyset \quad B$

Lösung

Bild A.8 zeigt das gesuchte Logikschaltbild.

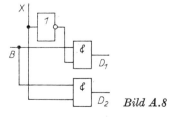

Bild A.8

Aufgabe 5

Entwerfe eine 4×1-MUX gemäß Bild A.9 und der Wahrheitstabelle nach Tafel A.2!

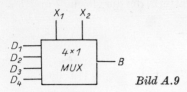

Bild A.9

Tafel A.2

X_2	X_1	B			
$\emptyset$	$\emptyset$	D_1	$\emptyset$	$\emptyset$	$\emptyset$
$\emptyset$	1	$\emptyset$	D_2	$\emptyset$	$\emptyset$
1	$\emptyset$	$\emptyset$	$\emptyset$	D_3	$\emptyset$
1	1	$\emptyset$	$\emptyset$	$\emptyset$	D_4

Lösung

Das Logikschaltbild der MUX nach Tafel A.2 zeigt Bild A.10.

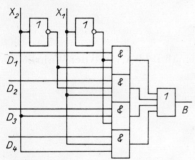

Bild A.10

Aufgabe 6

Es ist die Logikschaltung eines Endkoders gemäß Bild A.11 mit der Wahrheitstabelle nach Tafel A.3 zu entwerfen.

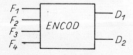

Tafel A.3

F_1	F_2	F_3	F_4	D_1	D_2
1	$\emptyset$	$\emptyset$	$\emptyset$	$\emptyset$	$\emptyset$
$\emptyset$	1	$\emptyset$	$\emptyset$	$\emptyset$	1
$\emptyset$	$\emptyset$	1	$\emptyset$	1	$\emptyset$
$\emptyset$	$\emptyset$	$\emptyset$	1	1	1

Bild A.11

Lösung

Die Logikgleichungen kann man aus Tafel A.3 ablesen:

$$D_1 = \bar{F}_1 \bar{F}_2 F_3 F_4 \lor \bar{F}_1 \bar{F}_2 F_3 \bar{F}_4 = \overline{F_1 \lor F_2 \lor \bar{F}_3 \bar{F}_4 \lor F_3 F_4} \qquad (A.3)$$

$$D_2 = \bar{F}_1 F_2 \bar{F}_3 F_4 \lor \bar{F}_1 \bar{F}_2 F_3 F_4 = \overline{\bar{F}_1 \lor F_3 \lor \bar{F}_2 \bar{F}_4 \lor F_2 F_4} . \qquad (A.4)$$

Das dazugehörige Logikschaltbild zeigt Bild A.12.

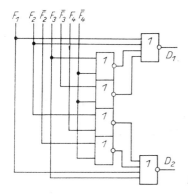

Bild A.12

Aufgabe 7

Ziffern und einige Buchstaben kann man mit einem 7-Segment-Display gemäß Bild A.13 mit den Segmenten a, b, c, d, e, f, g darstellen. Bei der Ziffer 1 leuchten z. B. die Segmente b und c, bei der Ziffer 3 die Segmente a und b

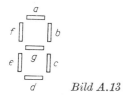

Bild A.13

und c und d und g usw. Es ist die Umkodierungstabelle der Tetraden $DCBA$ für die BCD-Ziffern 0 bis 9 gemäß Tafel 1 in die 7 Segmente a bis g zu entwerfen. Dabei soll „Leuchten" bedeuten, daß das betreffende Segment das 1-Signal erhält, und „Nichtleuchten", daß es das 0-Signal erhält.

Lösung

Bild A.14

Im Bild A.14 zeichnen wir zunächst die Leuchtmuster für die Ziffern 0 bis 9 auf und lesen daraus die Signalbelegung (Einsen und Nullen) für die einzelnen Ziffern ab und tragen sie in Tafel A.4 ein.
Die linke Hälfte von Tafel A.4 enthält zunächst die BCD-Tetraden $DCBA$ gemäß Tafel 1, also z. B. für die Ziffer 0 die Tetrade 0000, für die Ziffer 1 die Tetrade 0001, usw. In die rechte Hälfte der Tafel A.4 werden die Einsen

Tafel A.4

	D	C	B	A	a	b	c	d	e	f	g
0	Ø	Ø	Ø	Ø	1	1	1	1	1	1	Ø
1	Ø	Ø	Ø	1	Ø	1	1	Ø	Ø	Ø	Ø
2	Ø	Ø	1	Ø	1	1	Ø	1	1	Ø	1
3	Ø	Ø	1	1	1	1	1	1	Ø	Ø	1
4	Ø	1	Ø	Ø	Ø	1	1	Ø	Ø	1	1
5	Ø	1	Ø	1	1	Ø	1	1	Ø	1	1
6	Ø	1	1	Ø	1	Ø	1	1	1	1	1
7	Ø	1	1	1	1	1	1	Ø	Ø	Ø	Ø
8	1	Ø	Ø	Ø	1	1	1	1	1	1	1
9	1	Ø	Ø	1	1	1	1	1	Ø	1	1

und Nullen für die 7 Segmente a bis g entsprechend „Leuchten" oder „Nicht-leuchten" eingetragen.

Aus dieser Tafel könnten nun die Logikgleichungen für den Schaltungsentwurf eines entsprechenden Umkodierers (BCD-zu-7-Segment-Dekoder) abgelesen werden (s. auch Tafel 17b).

Aufgabe 8

Es ist eine PLA-Realisierung (Realisierung mit einer NOR-Matrix) des 1-aus-4-Dekoders gemäß Tafel 7 bzw. Bild 53 zu entwerfen.

Lösung

Die Logikgleichungen entsprechend Tafel 7 sind

$$F_1 = \bar{D}_1 \bar{D}_2 = \overline{D_1 \vee D_2} \tag{A.5}$$

$$F_2 = \bar{D}_1 D_2 = \overline{D_1 \vee \bar{D}_2} \tag{A.6}$$

$$F_3 = D_1 \bar{D}_2 = \overline{\bar{D}_1 \vee D_2} \tag{A.7}$$

$$F_4 = D_1 D_2 = \overline{\bar{D}_1 \vee \bar{D}_2} \tag{A.8}$$

Die Programmierung der NOR-Matrix mit 4 Eingängen ist im Bild A.15 gezeigt.

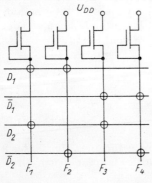

Bild A.15

Aufgabe 9

Es ist die MOS-Schaltung des Volladders gemäß Bild 59a zu entwerfen.

Lösung

Die entworfene Schaltung ist im Bild A.16 gezeigt.

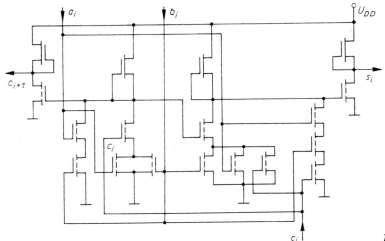

Bild A.16

Aufgabe 10

Es ist die ALU gemäß Tafel 10 bzw. Bild 60b so abzuändern, daß bei der Steuersignalbelegung $S_2 S_1 = 11$ statt $F = A \cdot B$ $F = A \vee B$ realisiert wird.

Lösung

Da der Volladder der ALU für $c_i = 0$ die Logikfunktion XOR (s. (64))

$$F = a_i \oplus b_i \qquad (A.9)$$

ausführt, ist es erforderlich, daß für $S_2 S_1 = 11$ die Volladdereingänge mit

$$a_i = A_i \vee B_i \quad \text{und} \qquad (A.10a)$$

$$b_i = 0 \qquad (A.10b)$$

gesteuert werden, dann ist, wie gewünscht, für $S_2 S_1 = 11$

$$F = \bar{a}_i b_i \vee a_i \bar{b}_i = A_i \vee B_i. \qquad (A.11)$$

Da aber zunächst alle anderen Funktionen gemäß Tafel 10 ungeändert weiter gelten sollen, müssen zusätzlich für $S_2 = 0$ (Arithmetik) nach (61) und (62) $a_i = A_i$ und $b_i = (B_i \oplus S_1)$ und für die Belegung $S_2 S_1 = 10$ $a_i = A_i$ und $b_i = 1$ gelten. Insgesamt ergeben sich nun für die Volladdereingänge a_i und b_i die Logikgleichungen

$$a_i = A_i \vee S_2 S_1 B_i \qquad (A.12)$$

$$b_i = (B_i \oplus S_1) \bar{S}_2 \vee \bar{S}_1 S_2. \qquad (A.13)$$

Die entsprechende Logikschaltung der geänderten ALU zeigt Bild A.17.

Aufgabe 11

Es ist wünschenswert, durch zusätzliche Steuersignale DC bzw. $\overline{DC}$ (discharge) alle Registerzellen auf 1 zu setzen oder auf 0 zurückzusetzen, und zwar durch Entladung der Datenleitungen D bzw. $\bar{D}$.

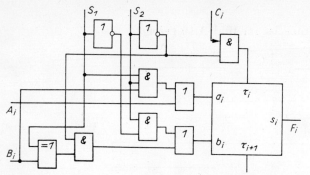

Bild A.17

Ergänze die Schaltung im Bild 64 so, daß beim Signal $DC=1$ (reset, clear) der Registerinhalt unabhängig von D auf $\emptyset$ und durch ein Signal $\overline{DC}=1$ (preset) der Registerinhalt auf $Q=1$ gesetzt wird, falls $A=1$ ist!

Lösung

Das Setzen und Rücksetzen wird mit 2 zusätzlichen MOS-Transistoren T_{12}, T_{13} an den Datenleitungen D und $\overline{D}$ möglich. Dies ist im Bild A.18 gezeigt. Die Schaltung im Bild A.18 wurde unmittelbar durch Ergänzung der Schaltung des Bildes 64 gewonnen.

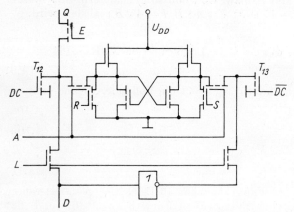

Bild A.18

Aufgabe 12

Entwerfe die Jump-logic für einen vierstelligen Zähler so, daß er im BCD-Kode von 0 bis 8 zählt (s. Tafel 1 für BCD) und dann auf Null zurückgesetzt wird!

Lösung

Entsprechend der Aufgabenstellung muß das Rücksetzsignal beim Zählerstand $1\emptyset\emptyset1$ ($\triangleq 9$) erzeugt werden. Die Logikgleichung für das R-Signal lautet damit

$$R=Q_D\bar{Q}_C\bar{Q}_BQ_A=\overline{\bar{Q}_D \vee Q_C \vee Q_B \vee \bar{Q}_A} \tag{A.14}$$

und ist mit NOR-Gattern gemäß Bild A.19 realisierbar.

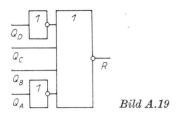

Bild A.19

Aufgabe 13

Gegeben ist die Taktgeneratorschaltung des Bildes A.20.
Es ist die Impulsfolge an den Ausgängen $Q_1 \ldots Q_4$ nach den ersten 6 Verschiebetaktimpulsen zu skizzieren.

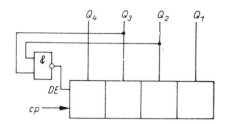

Bild A.20

Lösung

Das serielle Dateneingangssignal wird durch die Logikverknüpfung der Ausgangssignale gemäß Bild A.20 bestimmt. Damit ergibt sich die Impulsfolge (Zählfolge, Taktimpulsfolge), wie sie im Bild A.21 skizziert ist.

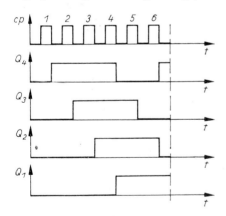

Bild A.21

Aufgabe 14

Es ist ein einfaches Steuerwerk für 4 Zustände zu entwerfen, bei dem die Zustandsfolge und die Ausgangssignale nicht von Eingangssignalen abhängen. Der Entwurf dieses Steuerwerkes ist mit Binärzähler, Dekoder und NOR-Matrix durchzuführen (Sequenzregister- und -Dekoder-Realisierung); die Folge der Mikrooperationssteuersignale ($\triangleq$ Ausgangssignale) in den 4 Zuständen ist in Tafel A.5 angegeben.

Tafel A.5

Zustand	a_1	a_2	a_3	a_4	a_5
1	Ø	1	1	1	1
2	Ø	Ø	1	1	Ø
3	1	Ø	Ø	Ø	1
4	1	1	1	1	Ø

Lösung

Das Blockschaltbild des entworfenen Steuerwerkes gemäß Aufgabenstellung zeigt Bild A.22.

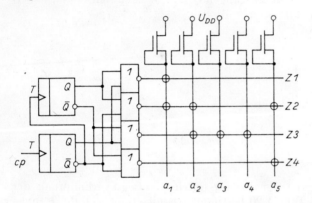

Bild A.22

Da 4 Zustände gefordert sind, genügt ein 2stufiger Binärzähler, aus dessen Ausgängen dann die $2^2=4$ Zustandssignale dekodiert werden, die die NOR-Matrix steuern.

Aufgabe 15

Es ist die PLA-Realisierung des Steuerwerkes für den Prozessor nach Bild A.23 zu entwerfen. Die Architektur des Prozessors besteht gemäß Bild A.23 aus 5 Registern, einem Volladder (V.A.) und dem noch zu entwerfenden Steuerwerk. Die Register haben folgende Funktion: A Akkumulator; B, C Arbeitsregister; IR Befehlsregister; SR Schieberegister.

Das Schieberegister SR ist für verschiedene arithmetische Operationen (wie Links- und Rechtsverschiebung, Rotation) bei Multiplikation und Division [11] notwendig. Bei unserem einfachen Prozessor werden diese Operationen nicht vorgesehen, so daß SR nur parallel die Ergebnisfunktion S des Volladders zwischenspeichert. Ebenso sollen bei unserem Prozessor der einlaufende und auslaufende Übertrag C_{ein} und C_{aus} nicht betrachtet werden.

Als Mikrooperationssignale sind vorhanden:

L_0, L_A, L_R Lade-Signale (load) für Register

E_0, E_A, E_R Ausgangsaktivierungs-Signale (enable) der Register

R_0, R_A Reset-Signale (clear) des Befehlsregisters bzw. des Akkumulators

A_1, A_2 Signale zur Adressierung der Arbeitsregister im Registerblock.

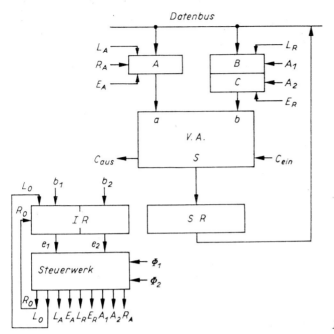

Bild A.23

Tafel A.6

Befehl	Befehlskode e_2 e_1	Bedeutung des Befehls
NOP	0 0	keine Operation
MOV A, B	0 1	Inhalt B nach A transportieren
MOV A, C	1 0	Inhalt C nach A transportieren
ADD A, B	1 1	addiere A und B und transportiere das Ergebnis nach A

Der Prozessor soll die 4 in Tafel A.6 zusammengestellten Befehle abarbeiten.

Der Prozessor soll in den drei Zuständen arbeiten:

Z_0 (00) Ausgangszustand, Laden des Befehlsregisters (fetch);
Z_1 (01) Durchführung der Addition (execution);
Z_2 (10) Transport der Ergebnisfunktion in den Akkumulator.

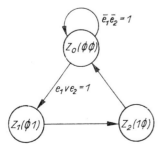

Bild A.24

121

Der Zustandsgraf ist im Bild A.24 dargestellt. Die Taktung erfolgt mit 2 nichtüberlappenden Takten Φ_1 und Φ_2.

Lösung

Bei der Lösung des Problems nehmen wir uns das Beispiel von Bild 79 zum Vorbild. Deshalb stellen wir zunächst die Funktionstabelle auf (s. Tafel A.7).

Tafel A.7

Produkt-term Nr.	Befehls-kode		Aktueller Zustand		Nächster Zustand		Mikrooperationssignale								
	e_1	e_2	y_1	y_2	y_1'	y_2'	L_A	E_A	L_R	E_R	A_1	A_2	R_A	R_0	L_0
1	0	0	0	0	0	0	0	0	0	0	0	0	0	0	1
2	1	0	0	0	0	1	0	0	0	0	0	0	1	0	0
3	0	1	0	0	0	1	0	0	0	0	0	0	1	0	0
4	1	1	0	0	0	1	0	0	0	0	0	0	0	0	0
5	1	x	0	1	1	0	0	1	0	1	1	0	0	0	0
6	0	x	0	1	1	0	0	1	0	1	0	1	0	0	0
7	x	x	1	0	0	0	1	0	0	0	0	0	0	1	0

x   don't care

Verfahren wir dann wieder nach den Regeln zur PLA-Belegung mit MOS-Transistoren wie schon beim Beispiel des Bildes 79 b, so erhalten wir die PLA-Realisierung des Steuerwerkes gemäß Bild A.25. Die Load-Signale des Aus-

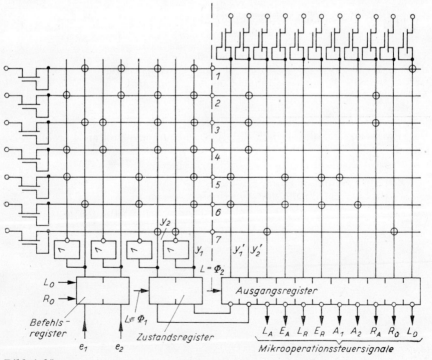

Bild A.25

gangs- und Zustandsregisters werden von den Taktimpulsen Φ_1 und Φ_2 gebildet.

Schlußbemerkungen

Eine weitere alternative Variante ist die Mikroprogrammrealisierung eines Steuerwerkes gemäß Bild A.26.

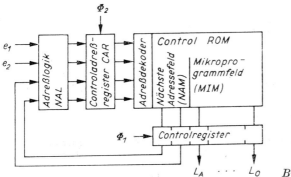

Bild A.26

Hier sind die Sequenzen der Mikrooperationssignale in den Wörtern eines Control-ROM gespeichert. Zusätzlich sind in diesen Wörtern jeweils Informationen über die nächste Adresse (entspricht nächstem Zustand) enthalten. Diese Signale für die nächste Adresse ergeben zusammen mit den externen Signalen e_1, e_2 das Kodewort für die nächste aufzurufende Adresse im Control-ROM. Das wird im Control-Speicherregister CAR gespeichert und in einem Dekoder dekodiert.

4. Handelsübliche Standardschaltkreise (Überblick)

4.1. SSI- und MSI-Schaltkreise

Die ersten Standardtypen integrierter digitaler Schaltkreise mit niedrigem Integrationsgrad (SSI small scale integration) und mittlerem Integrationsgrad (MSI medium scale integration) wurden auf der Basis der TTL-Technik

Tafel 16. Auswahl einiger SSI-Schaltkreise

Bezeichnung	Anschlußbelegung	TTL-Typ	Äquivalenter CMOS-Typ	ECL-Typ
a) 4 NAND-Gatter mit je 2 Eingängen	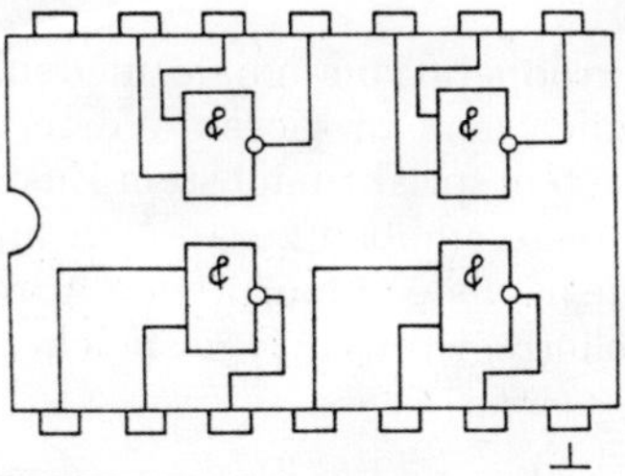	7400	4011	10104
b) NAND-Gatter mit 8 Eingängen	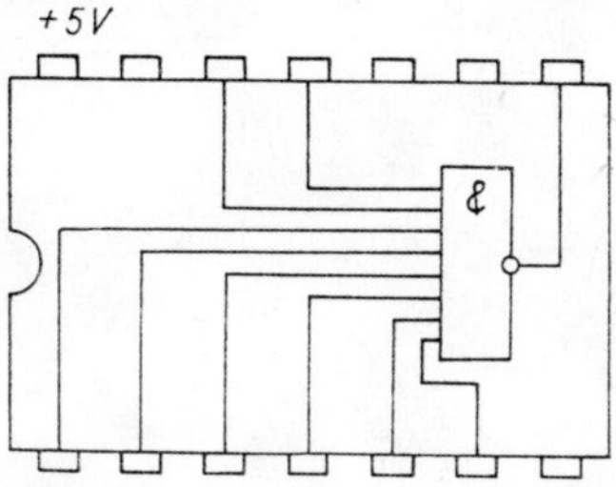	7430	4068	10108
c) JK-Master-Slave-Flipflop	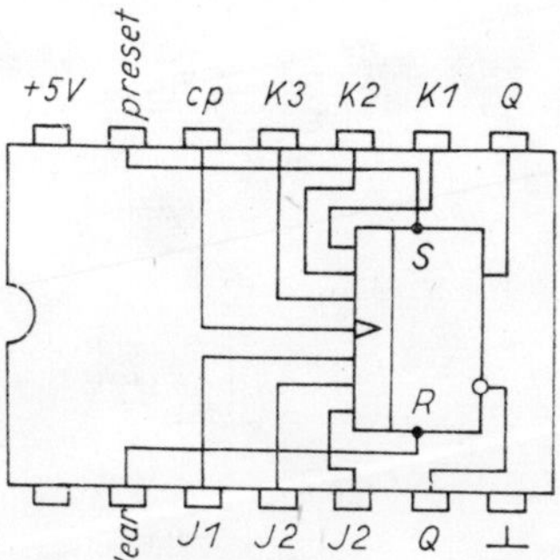	7472	4027	10135

afel 17. Auswahl einiger MSI-Schaltkreise

ezeichnung	Anschlußbelegung	TTL-Typ	CMOS-Typ	ECL-Typ
4-bit-Synchronzähler	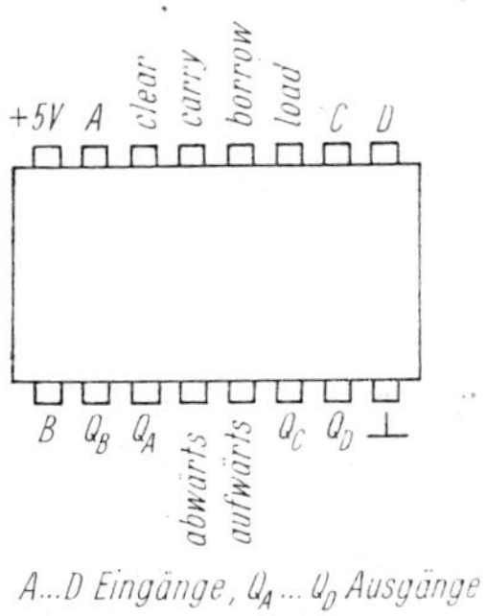 +5V A clear carry borrow load C D B Q_B Q_A abwärts aufwärts Q_C Q_D ⊥ A...D Eingänge, Q_A ... Q_D Ausgänge	74193	40193	10178
BCD-zu-7-Segment-Dekoder 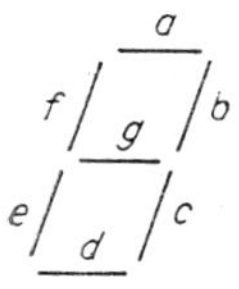 a b c d e f g	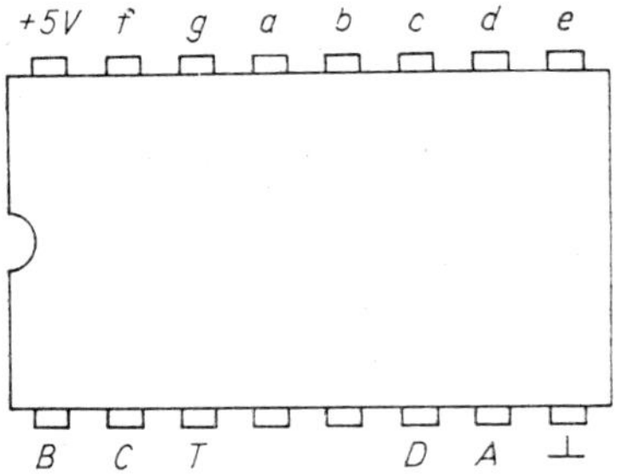 +5V f g a b c d e B C T D A ⊥ *DCBA* BCD-Tetrade *a...f* 7-Segment-Display *LT* Lampentest	7446	4558 4511	
4-bit-Schieberegister	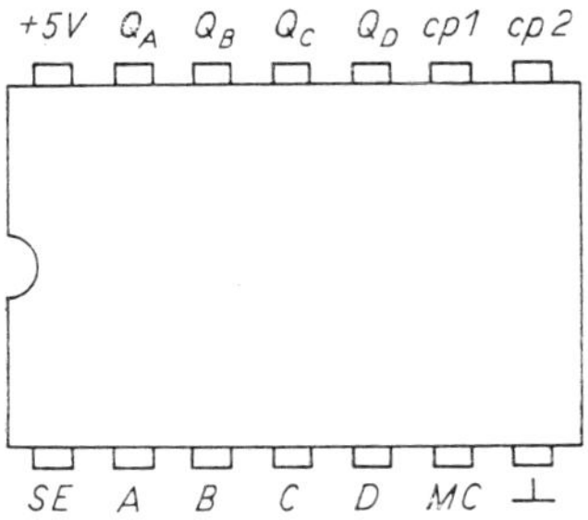 +5V Q_A Q_B Q_C Q_D cp1 cp2 SE A B C D MC ⊥ *A*, *B*, C, *D* parallele Eingänge *SE* serieller Eingang Q_A, Q_B, Q_C, Q_D Ausgänge *cp* 1 Takt für Rechtsverschiebung *cp* 2 Takt für Linksverschiebung *MC* Einstellung des Betriebsmodus (MC = 1 Laden, MC = 0 Schieben)	7495	4035	10141

(s. Abschnitt 3.2.2.4.), später auch auf ECL- (s. Abschnitt 3.2.2.5.) und CMOS-Basis (s. Abschnitt 3.2.2.6.) realisiert.

Aus der Vielzahl der von den Schaltkreisherstellern angebotenen Typen sind in den Tafeln 16 und 17 einige wenige, jedoch oft benötigte Schaltkreise zusammengestellt.

In Zeile a der Tafel 16 ist ein Schaltkreis dargestellt, der 4 NAND-Gatter mit je 2 Eingängen im Dual-in-line-Gehäuse enthält.

Zeile b zeigt einen Schaltkreis mit einem NAND-Gatter mit 8 Eingängen.

Zeile c enthält einen Schaltkreis mit JK-Master-Slave-Flipflop. Das Besondere an diesem Flipflop ist, daß er 3 J- und 3 K-Eingänge besitzt, die am Eingang des Flipflops über eine UND-Schaltung wirksam werden, d. h., das J- bzw. K-Signal im Inneren des Flipflops wird nur wirksam, wenn J_1 und J_2 und J_3 bzw. K_1 und K_2 und K_3 High-Pegel führen. Der Takteingang cp (cp clock pulse) löst die Übernahme der J- und K-Signale bei der Low-High-Flanke in den Master und bei der High-Low-Flanke in den Slave (Ausgang) aus, wie wir das anhand von Bild 66 bereits im Abschnitt 3.3.6. gelernt haben. Zusätzlich kann der Flipflop durch einen Low-Pegel am Eingang Clear zurückgesetzt und durch einen Low-Pegel am Eingang Preset gesetzt ($Q=1$) werden.

Der Schaltkreis in Zeile a der Tafel 17 enthält einen 4-bit-Synchronzähler. Auch dieser Schaltkreis hat zusätzliche Eingänge zum Rücksetzen (Clear).

Zeile b enthält einen BCD-zu-7-Segment-Dekoder. Die Eingänge sind D, C, B, A, die Ausgänge sind a, b, c, d, e, f, g. Dieser Dekoder wandelt ein 4-bit-Wort $DCBA$ in ein 7-bit-Wort $abcdefg$ um. Das 4-bit-Wort $DCBA$ stellt den BCD-Kode der Dezimalziffern 0 bis 9 gemäß Tafel 1 dar (z. B. $2 = 0010$). Das 7-bit-Wort $abcdefg$ bildet die Steuersignale für ein 7-Segment-Display (s. auch Bild A.13). High-Pegel an den Ausgängen $abcdefg$ bedeutet, daß das entsprechende Segment des Displays leuchtet (z. B. bei $2 = 0010$ leuchten a, b, g, e, d, d. h., das 7-bit-Ausgangswort lautet 1101101).

Der zusätzliche Eingang LT (lamp test) dient zur Überprüfung der Funktionsfähigkeit der Segmente des Displays.

Der Schaltkreis in Zeile c der Tafel 17 enthält ein 4-bit-Schieberegister mit den Paralleleingängen A, B, C, D und den Parallelausgängen Q_A, Q_B, Q_C, Q_D sowie dem seriellen Eingang SE. Der Modensteuereingang MC legt den Betriebsmodus fest. Liegt an MC High-Pegel, so erfolgt das parallele Setzen aller Schieberegisterzellen über die Eingänge A, B, C, D. Ist MC auf Low-Pegel, so kann die Information im Schieberegister verschoben werden. Eine Rechtsverschiebung erfolgt mit dem Takt $cp1$. Die Paralleleingabe bzw. die Linksverschiebung erfolgt mit dem Takt $cp2$, während MC auf High-Pegel ist.

Alle TTL-Schaltkreise in den Tafeln 16 und 17 werden mit einer Betriebsspannung von $+5$ V gespeist und sind in Dual-in-line-Gehäusen mit 14 bis 16 Anschlüssen untergebracht.

In den Tafeln sind auch Äquivalenttypen in ECL- und CMOS-Technik mit angegeben.

Es wurden die in der internationalen Literatur üblichen Bezeichnungen für TTL (Serie 7400), CMOS (Serie 4000) und ECL (Serie 10000) verwendet.

Einen Vergleich der elektrischen Eigenschaften der TTL-, ECL- und CMOS-Schaltkreise zeigt Tafel 18. Daraus ist zu erkennen, daß der besondere Vorteil der CMOS-Schaltkreise der extrem niedrige Leistungsverbrauch ist. Der Vorteil der ECL-Technik liegt dagegen in der sehr hohen Arbeitsgeschwindigkeit (geringe Signalverzögerungszeiten).

Tafel 18. Vergleich der elektrischen Eigenschaften von TTL-, ECL- und CMOS-Schaltkreisen

	TTL (74)	TTL (74 ALS[1])	ECL (10000)	CMOS (4000)
Signalverzögerungszeit je Gatter	10 ns	5 ns	1,5 ns	25 ns
Verlustleistung je Gatter	10 mW	1 mW	25 mW	0,01 mW

[1]) ALS advanced low power Schottky TTL

Mit diesen Zusammenstellungen und Vergleichen wollen wir dem Anwender lediglich einen Eindruck vom Schaltkreisangebot machen. Für weitergehende Informationen sei auf die entsprechenden Datenbücher der Schaltkreishersteller verwiesen.

4.2. LSI- und VLSI-Schaltkreise

LSI-Schaltkreise (LSI large scale integration) bzw. VLSI-Schaltkreise (VLSI very large scale integration) werden insbesondere auf der Basis der MOS- und CMOS-Technik gefertigt. Am weitesten verbreitet sind Mikroprozessor- bzw. Mikrocomputerschaltkreise und Speicherschaltkreise, deren Funktionsweise prinzipiell im Abschnitt 3. erläutert worden ist. Wir wollen uns in der folgenden kurzen Zusammenfassung auch ausschließlich auf diese beschränken.

4.2.1. Speicherschaltkreise

In Tafel 19 ist eine Auswahl statischer MOS-Speicherschaltkreise zusammengestellt. Diese Speicherschaltkreise sind in Dual-in-line-Gehäusen mit 16 bzw. 20 Anschlüssen untergrbracht.
Das Logiksymbol zeigt Bild 114. Mit dem Adreßbus $A = A_0 \ldots A_N$ erfolgt der Aufruf eines Speicherplatzes (Zelle). Nach Aktivierung des Enable-Einganges $\overline{CE}$ ($\overline{CE}$ chip enable, low-aktiv) durch einen Low-Pegel sind mit der Zeitverzögerung t_{co} (chip enable to output delay) am Ausgang DO die Daten gültig. Bevor die gespeicherten und ausgewählten Daten am Ausgang gültig sind (d. h., bevor $\overline{CE}$ aktiviert wird), ist der Ausgang offen, DO verhält sich in diesem Zustand wie das offene Ende eines Schalters. Diesen Zustand nennt man tri-state.

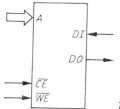

Bild 114. Logiksymbol eines statischen Speichers

Bezeichnung (Typ)	Anschlußbelegung	Bemerkungen zur Funktion

1-kbit-statischer-RAM (2102) (U 202) 1024×1bit

Pinbelegung:
- A_6 — 1, 16 — A_7
- A_5 — 2, 15 — A_8
- $(\overline{WE})\,R/\overline{W}$ — 3, 14 — A_9
- A_1 — 4, 13 — $\overline{CE}\,(\overline{CS})$
- A_2 — 5, 12 — DO
- A_3 — 6, 11 — DI
- A_4 — 7, 10 — $+5V$
- A_0 — 8, 9 — $\perp$

Timing-Diagramm: A Adressen gültig; $\overline{CE}$, t_c; $\overline{WE}$; DI Daten gültig; DO offen, t_{co}, Daten aus, t_{acc}

4-kbit-statischer-RAM 1024×4 (2114) (U 214)

Pinbelegung (18-polig):
- A_6 — 1, 18 — $+5V$
- A_5, A_7
- A_4, A_8
- A_3, A_9
- A_0, D_0
- A_1, D_1
- A_2, D_2
- $\overline{CS}$, D_3
- 9, 10 — $\overline{WE}$

16-kbit-statischer-RAM 16 384×1bit (2167)

Pinbelegung (20-polig):
- A_0 — 1, 20 — $+5V$
- A_1, A_{13}
- A_2, A_{12}
- A_3, A_{11}
- A_4, A_{10}
- A_5, A_9
- A_6, A_8
- DO, A_7
- $\overline{WE}$, DI
- $\perp$, $\overline{CE}\,(\overline{CS})$

Parameter:

1-kbit-sRAM (2102)
$t_{acc} = 250 \dots 450$ ns
$t_c = 250 \dots 450$ ns
$I_{act} = 35 \dots 55$ mA
$I_{standby} = 7 \dots 9$ mA

4-kbit-sRAM (2114)
$t_{acc} = 200 \dots 400$ ns
$t_c = 200 \dots 400$ ns
$I_{act} = 100$ mA
$I_{standby} = 40$ mA

16-kbit-sRAM (2167)
$t_{acc} = 55 \dots 100$ ns
$t_c = 55 \dots 100$ ns
$T_{act} = 90 \dots 125$ mA
$I_{standby} = 30 \dots 40$ mA
Speicherzellen sind Flipflops mit Depletiontransistor oder Poly-Silizium-Widerstand als Lastelement.

Die Zeit, die vom Anlegen gültiger Adressensignale an den Adreßbus $A_0 \dots A_N$ bis zum Erscheinen gültiger Daten am Datenausgang DO vergeht, nennt man Zugriffszeit t_{acc}.

Beim Schreiben muß zusätzlich das $\overline{WE}$-Signal ($\overline{WE}$ write enable, low-aktiv), oft auch mit $R/\overline{W}$ bezeichnet, aktiviert, d. h. auf Low-Pegel gelegt werden. An den Dateneingang DI müssen vorher die gültigen Daten angelegt werden, die in die ausgewählte Speicherzelle eingeschrieben werden sollen. Die Zeitdauer der Speicheraktivierung durch das Chip-enable-Signal wird Zykluszeit t_c genannt. Die einzelnen Schaltkreise 1 kbit, 4 kbit, 16 kbit unterscheiden sich in den äußeren Anschlüssen im wesentlichen nur durch die Anzahl der notwendigen Adressenleitungen. Es sind wegen $2^{10} = 1024$ bit ($= 1$ kbit) für den 1-kbit-Speicher 10 Adressenleitungen $A_0 \dots A_9$, wegen

Tafel 20. Auswahl dynamischer Speicherschaltkreise

Bezeichnung (Typ)	Anschlußbelegung	Bemerkungen zur Funktion

16-kbit-
dynamischer-
RAM
$16\,384 \times 1$ bit
(2118)
(4116)
(U 256)

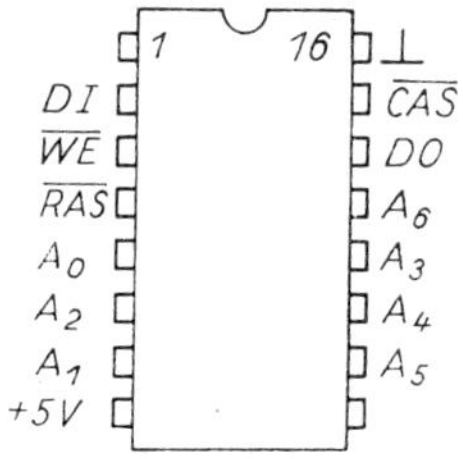

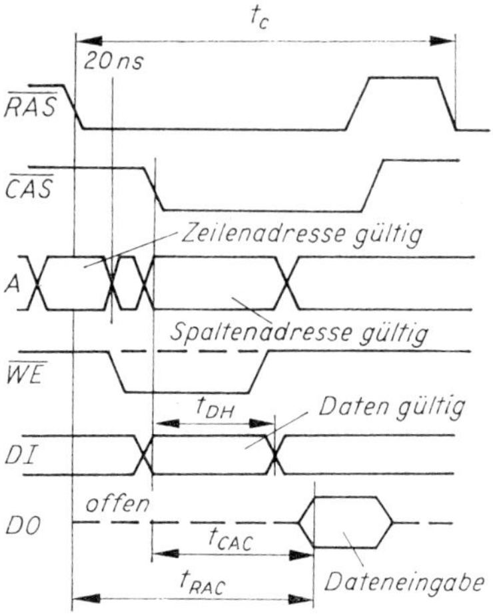

64-kbit-
bzw.
256-kbit
dynamischer-
RAM
$65\,536 \times 1$ bit
bzw.
$262\,144 \times 1$ bit
(2164)
(4164)
(U 264)

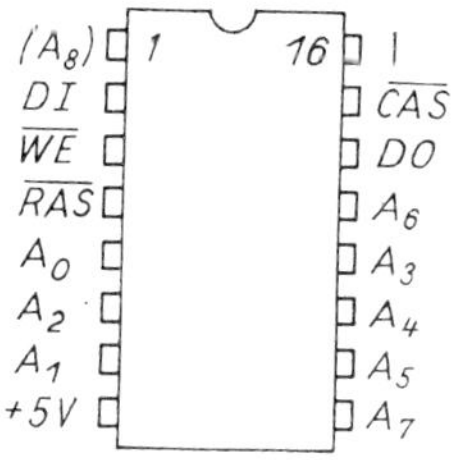

Beim 64-kbit-Speicher bleibt der Anschluß 1 frei, beim 256-kbit-Speicher wird er mit der Adressenleitung A_8 belegt.

Parameter:

16-kbit-dRAM

$t_{RAC} = 100 \ldots 150$ ns   Leistungs-
$t_{CAC} = 55 \ldots 80$ ns   verbrauch:
$t_c = 235 \ldots 320$ ns $P_{act} = 150$ mW
$t_{DH} = 24 \ldots 45$ ns $P_{standby} = 11$ mW

64-kbit-dRAM

$t_{RAC} = 150$ ns   Leistungs-
$t_{CAC} = 85$ ns   verbrauch:
$t_c = 300$ ns $P_{act} = 330$ mW
$t_{DH} = 35$ ns $P_{standby} = 22$ mW

Speicherzellen sind Kapazitäten gekoppelt mit einem Auswahltransistor

---

$2^{12} = 4096$ bit ($= 4$ kbit) für den 4-kbit-Speicher 12 Adressenleitungen $A_0 \ldots A_{11}$ und wegen

$2^{14} = 16\,384$ bit ($= 16$ kbit) für den 16-kbit-Speicher 14 Adressenleitungen $A_0 \ldots A_{13}$ erforderlich usf.

Die Betriebsströme im aktiven Arbeitszustand I_{act} sind wesentlich größer als im inaktiven Speicherzustand $I_{standby}$.

In Tafel 20 ist eine Auswahl dynamischer MOS-Speicherschaltkreise zusammengestellt. Diese Schaltkreise sind in Dual-in-line-Gehäusen mit 16 Anschlüssen untergebracht.

Das Logiksymbol zeigt Bild 115. Mit dem Adreßbus $A = A_0 \dots A_N$ erfolgt nach Aktivierung des Zeilenauswahlsignals RAS mit Low-Pegel ($\overline{RAS}$ row address select) der Aufruf einer ganzen Zeile mit vielen (z. B. 128) Speicherzellen. Anschließend erfolgt nach Aktivierung des Spaltenauswahlsignals $\overline{CAS}$ ($\overline{CAS}$ column address select, low-aktiv) die Auswahl nur einer Speicherzelle aus der vorher mit $\overline{RAS}$ aufgerufenen Zeile, so daß nur aus dieser einen Zelle über den Ausgang DO gelesen bzw. über den Eingang DI geschrieben werden kann.

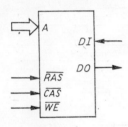

Bild 115. Logiksymbol eines dynamischen Speichers

Die Zeit, die nach dem Aktivieren des $\overline{RAS}$-Signals vergeht, bis am Ausgang die Daten beim Lesen ($\overline{WE}$ ist auf High-Pegel) gültig werden, ist t_{RAC} und wird Zeilenauswahlzugriffszeit genannt. Die Zeit, die nach dem Aktivieren des $\overline{CAS}$-Signals bis zum Gültigwerden der Ausgangsdaten vergeht, ist t_{CAC} und wird Spaltenauswahlzugriffszeit genannt. Die Gesamtzeit zwischen 2 Aktivierungen des $\overline{RAS}$-Signals ist die Speicherzykluszeit t_c.

Beim Schreiben muß noch das $\overline{WE}$-Signal ($\overline{WE}$ write enable, low-aktiv) mit einem Low-Pegel aktiviert werden. Dann können über den Dateneingang DI gültige Daten in den Speicher eingelesen werden. Um ein sicheres Schreiben zu ermöglichen, müssen die Eingabedaten eine bestimmte Mindestzeitdauer t_{DH} (data hold time) nach Aktivieren des Spaltenauswahlsignals $\overline{CAS}$ am Eingang stabil bleiben. Solche dynamischen Speicherschaltkreise müssen periodisch aufgefrischt werden. Das erfolgt mit einem Zeilenaufruf $\overline{RAS}$, da jeder Lesevorgang auch gleichzeitig ein Schreibvorgang ist, d. h., beim Lesen werden die Daten gelesen und gleichzeitig erneut in den Speicher eingeschrieben. Beim Aktivieren des $\overline{RAS}$-Signals werden sämtliche Bits (Zellen) einer Zeile gleichzeitig aufgefrischt. Um z. B. alle 2 ms einen solchen Auffrischvorgang auszulösen, muß der Anwender Zusatzschaltungen verwenden (wenn nicht der Mikroprozessor-CPU-Schaltkreis solche Auffrischzyklen selbständig auslöst, wie das z. B. beim Z 80, s. u., der Fall ist). In neueren Speicherschaltkreisen sind diese Zusatzschaltungen (das sind im wesentlichen Adressenzähler) gleich mit im Schaltkreis integriert. Solche Schaltkreise verhalten sich an ihren äußeren Klemmen dann ähnlich wie ein statischer Speicherschaltkreis. Deshalb werden sie auch als pseudostatische Speicher bezeichnet [17].

Viele in den Tafeln 19 und 20 aufgeführten Schaltkreise sind bitorganisiert (s. Abschnitt 3.6.1.), d. h., sie haben nur jeweils einen Datenausgang und einen -eingang. Für Mikroprozessoren, die die Daten meist byteweise verarbeiten, brauchte man also immer mindestens 8 solcher Schaltkreise. Deshalb

Tafel 21. Auswahl von EPROM-Schaltkreisen

Bezeichnung (Typ)	Anschlußbelegung	Bemerkungen zur Funktion
8-kbit-EPROM 1024 × 8bit (2708) (U 555)	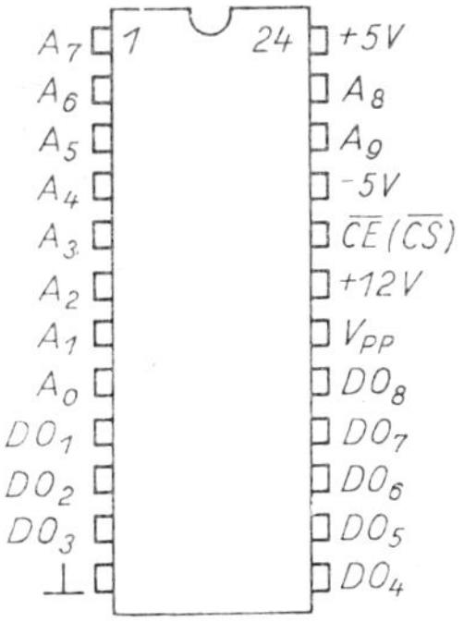 A_7 1 ⎍ 24 +5V A_6 — A_8 A_5 — A_9 A_4 — −5V A_3 — $\overline{CE}\,(\overline{CS})$ A_2 — +12V A_1 — V_{PP} A_0 — DO_8 DO_1 — DO_7 DO_2 — DO_6 DO_3 — DO_5 ⊥ — DO_4	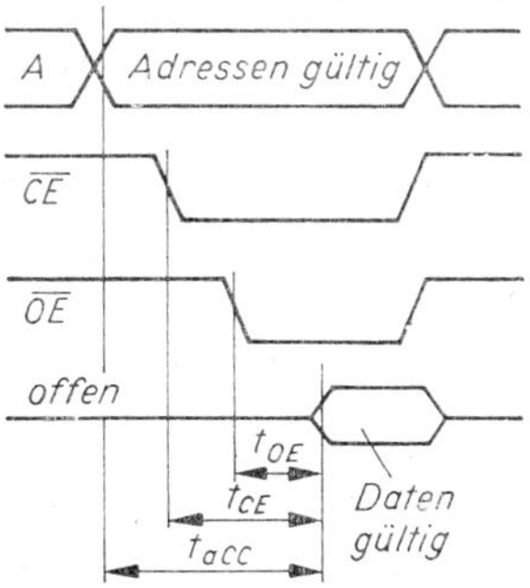
16-kbit-EPROM 2048 × 8bit (2716)	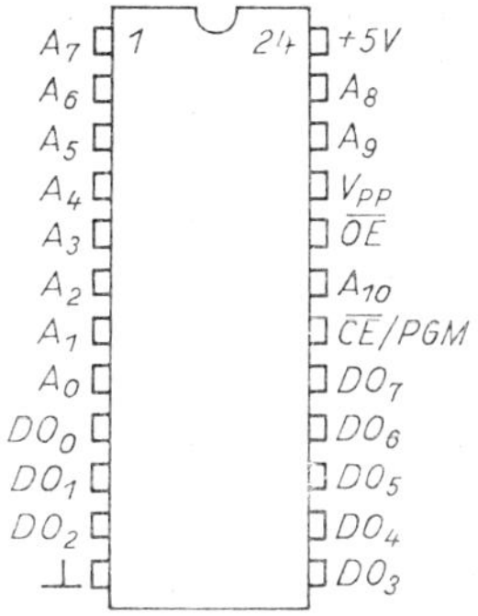 A_7 1 ⎍ 24 +5V A_6 — A_8 A_5 — A_9 A_4 — V_{PP} A_3 — $\overline{OE}$ A_2 — A_{10} A_1 — $\overline{CE}/PGM$ A_0 — DO_7 DO_0 — DO_6 DO_1 — DO_5 DO_2 — DO_4 ⊥ — DO_3	Parameter: **8-kbit-EPROM** $t_{acc} = 280 \ldots 450$ ns $t_{CE} = 60 \ldots 120$ ns $V_{PP} = 26$ V **16-kbit-EPROM** $t_{acc} = 350 \ldots 450$ ns $t_{CE} = 350 \ldots 650$ ns $V_{PP} = 25$ V $t_{OE} = 120 \ldots 200$ ns **64-kbit-EPROM** $t_{acc} = 200 \ldots 450$ ns $t_{CE} = 200 \ldots 450$ ns $V_{PP} = 21$ V $t_{OE} = 70 \ldots 150$ ns Speicherzellen sind SAMOST-Speicherfeldeffekttransistoren
64-kbit-EPROM 8192 × 8bit (2764)	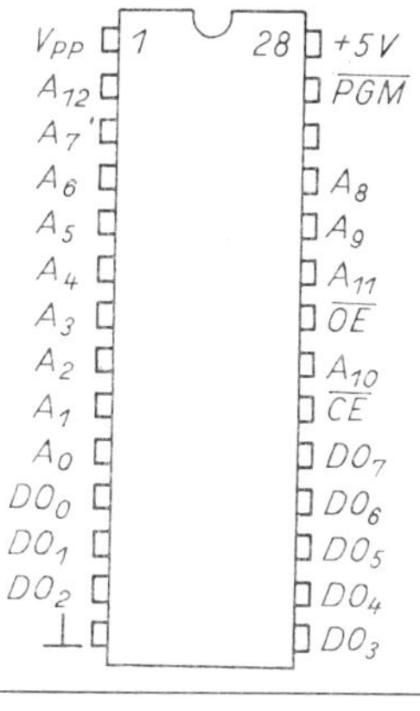 V_{PP} 1 ⎍ 28 +5V A_{12} — $\overline{PGM}$ A_7 — A_6 — A_8 A_5 — A_9 A_4 — A_{11} A_3 — $\overline{OE}$ A_2 — A_{10} A_1 — $\overline{CE}$ A_0 — DO_7 DO_0 — DO_6 DO_1 — DO_5 DO_2 — DO_4 ⊥ — DO_3	

werden inzwischen sog. byteweise RAM-Schaltkreise angeboten, die dann 8 Datenausgänge bzw. -eingänge haben (iRAM).

Tafel 21 enthält eine Auswahl von EPROM-Speicherschaltkreisen. Diese EPROM-Schaltkreise sind in großen Dual-in-line-Gehäusen mit 24 bis 28 Anschlüssen untergebracht. Sie sind byteorganisiert, haben also 8 Datenausgänge $DO_0 \ldots DO_7$. Mit dem Adreßbus $A_0 \ldots A_N$ erfolgt der Aufruf eines Bytes. Die Daten werden am Ausgang gültig, nachdem $\overline{CE}$ ($\overline{CE}$ chip select, low-aktiv) und $\overline{OE}$ ($\overline{OE}$ output enable, low-aktiv) mit einem Low-Pegel aktiviert werden. Die Zeiten, die vom Anlegen gültiger Adressen $A_0 \ldots A_N$ bzw. vom Aktivieren der $\overline{CE}$- und $\overline{OE}$-Signale bis zum Erscheinen gültiger Daten $DO_0 \ldots DO_7$ an den Ausgängen vergehen, sind t_{acc} Zugriffszeit, t_{CE} Chip-enable-Zugriffszeit, t_{OE} Output-enable-Zugriffszeit. Sie geben Aufschluß über die Arbeitsgeschwindigkeit des Speichers beim Lesen. Bei Nichtaktivieren des Speichers (an $\overline{CE}$ und $\overline{OE}$ High-Pegel) sind die Ausgänge $DO_0 \ldots DO_7$ offen (im hochohmigen Tri-state-Zustand).

Beim Lesen muß der zusätzliche Programmiereingang $\overline{PGM}$ (falls vorhanden) auf High-Pegel liegen. Der Eingang für die Programmierspannung V_{PP} liegt beim Lesen auf $+5$ V.

Diese Speicher halten ihre Information bei Dunkelheit mehr als 3 Jahre, bei grellem Sonnenlicht dagegen nur etwa 1 Woche. Das Löschen des gesamten Speichers erfolgt mit UV-Licht bzw. mit Röntgenstrahlen. Es kann UV-Licht im Wellenlängenbereich von 200 bis 300 nm und mit Strahlungsleistungen von $12 \ldots 15$ mW/cm^2 verwendet werden. Dann ist die Löschung nach etwa 15 bis 20 Minuten abgeschlossen. Im gelöschten Zustand sind alle Speicherzellen im 1-Zustand.

Beim Programmieren muß dann an die gewünschten Stellen eine Ø eingeschrieben werden (das Speichergate des Speicherfeldeffekttransistors mit Elektronen aufgeladen werden). Das geschieht, indem zunächst mit den Adressen $A_0 \ldots A_N$ ein Byte ausgewählt wird. An die Anschlüsse DI werden die gewünschten Daten (Einsen und Nullen) angelegt, $\overline{OE}$ bleibt beim Programmieren auf High-Pegel, $\overline{CE}$ und $\overline{PGM}$ werden 50 ms mit einem Low-Pegel aktiviert, und der Eingang V_{PP} erhält eine hohe Programmierspannung ($V_{PP} = 21 \ldots 26$ V).

Außer diesen EPROM-Speicherschaltkreisen sind noch sog. EEROM- bzw. E^{2}ROM-Schaltkreise auf dem Markt. Diese sind elektrisch programmier- und löschbar. Die Programmierung erfolgt mit Hilfe von Tunnelströmen durch sehr dünne Gateisolatoren (< 20 nm).

4.2.2. Mikroprozessorschaltkreise

Mikroprozessorschaltkreise werden von zahlreichen Herstellern angeboten. Sie unterscheiden sich im Befehlsumfang, in den Systemsignalen, in der Datenbusbreite, in dem adressierbaren Speicherplatz und in der Arbeitsgeschwindigkeit.

Für einen größeren Anwenderkreis sind die 8-bit- und 16-bit-Typen am interessantesten.

Als Beispiel wollen wir anhand des Bildes 116 den Mikroprozessorschaltkreis Z 80 beschreiben.

Die Steuersignale an den äußeren Anschlüssen haben die in Tafel 22 zusammengestellte Bedeutung.

Mit dem Logiksymbol des Bildes 116 b wird das Ganze noch deutlicher: Der Adreßbus A ist ein Einrichtungsbus und dient zum Adressieren von äußeren Speichern und von Eingabe- und Ausgabeschaltkreisen. Der Datenbus D ist ein Zweirichtungsbus und dient zur Eingabe und Ausgabe von Daten. Die

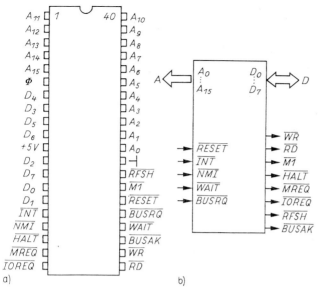

Bild 116. Mikroprozessorschaltkreis Z 80
a) Anschlußbelegung; b) Logiksymbol

Tafel 22. Steuersignale des Mikroprozessors Z 80

Steuersignal	Bedeutung
$\overline{M1}$ (Ausgang low-aktiv)	CPU liest ein Befehlsbyte
$\overline{MREQ}$ (Ausgang low-aktiv)	CPU hat auf den Adreßbus eine Adresse zum Speicherlesen gegeben
$\overline{IORQ}$ (Ausgang low-aktiv)	CPU hat die niederwertigen 8 Bits zur Adressierung des Eingabe- bzw. Ausgabeports gegeben
$\overline{RD}$ (Ausgang low-aktiv)	CPU ist bereit, Daten zu lesen
$\overline{WR}$ (Ausgang low-aktiv)	CPU hat auf dem Datenbus Daten (zum Schreiben der Speicher oder zur Ausgabe) bereitgestellt
$\overline{RFSH}$ (Ausgang low aktiv)	CPU hat die niederwertigen Bits einer Adresse zum Auffrischen der Speicher gegeben
$\overline{HALT}$ (Ausgang low-aktiv)	CPU führt keine Befehle aus
$\overline{BUSAK}$ (Ausgang low-aktiv)	CPU hat sich vom Datenbus abgeschaltet
$\overline{BUSRQ}$ (Eingang low-aktiv)	CPU soll sich vom Datenbus abschalten
$\overline{INT}$ (Eingang low-aktiv)	Interruptanforderung an die CPU.
$\overline{NMI}$ (Eingang low-aktiv)	Interruptanforderung an die CPU mit höchster Priorität
$\overline{RESET}$ (Eingang low-aktiv)	Programmzähler und Register der CPU werden zurückgesetzt
$\overline{WAIT}$ (Eingang low-aktiv)	CPU soll in eine Warteschleife gelangen

Steuersignale $\overline{M1}$, $\overline{MREQ}$ ... $\overline{BUSAK}$ dienen zum Steuern anderer Bestandteile (Schaltkreise) des Systems, in dem der Mikroprozessorschaltkreis arbeitet. Sie informieren über das, was der Mikroprozessorschaltkreis gerade tut bzw. in welchem Zyklus er sich befindet (z. B. $\overline{WR}=\emptyset$, er hat Daten ausgegeben).

Die Steuersignale $\overline{BUSRQ}$, $\overline{INT}$, ... $\overline{WAIT}$ geben dem Mikroprozessorschaltkreis zusätzliche Informationen, was er machen soll bzw. wie er sein Arbeitsregime gestalten soll (z. B. bei $\overline{WAIT}=\emptyset$ soll er in einem bestimmten Takt eines Zyklus verweilen, indem er diesen ständig wiederholt (Warteschleife), bis das Signal $\overline{WAIT}=1$ wird). Im Abschnitt 5. werden wir noch ein einfaches Anwendungsbeispiel behandeln.

4.2.3. Mikrocomputerschaltkreise

Mikrocomputer (MCU microcomputer unit) sind Einchiprechner. Auf einem einzigen Chip ist alles integriert, was für einen vollständigen Mikrorechner erforderlich ist: zentrale Verarbeitungseinheit (CPU central processor unit), RAM-Speicher für Daten, ROM-Speicher für Programm, Einheiten für serielle und parallele Dateneingabe und -ausgabe.

Als Beispiel wollen wir anhand des Bildes 117 den MCU-Schaltkreis Z 8 beschreiben.

Die Anschlüsse haben die in Tafel 23 erläuterte Bedeutung. Die Z 8-MCU hat einen internen 2-kbyte-ROM-Speicher, einen 144-byte-RAM-Speicher (Registerblock) und kann extern bis zu 124 kWörter adressieren. Dazu sind neben den 16 Adreßbits über $P0_0$ ... $P0_7$ und $P1_0$ ... $P1_7$ noch ein Zusatzbit über den Anschluß $P3_4$ nötig. Dieser Schaltkreis ist durch ein flexibles Eingabe/Ausgabe-Regime gekennzeichnet (s. dazu die Ports $P0$ bis $P3$): Port $P0$ kann zur Eingabe bzw. Ausgabe von Daten bzw. des höherwertigen Bytes (A_8 ... A_{15}) einer 16-bit-Adresse verwendet werden.

Port $P1$ kann zur Eingabe und Ausgabe von Daten bzw. zur Ausgabe der 8 niederwertigen Bytes (A_0 ... A_7) einer 16-bit-Adresse verwendet werden.

Port $P2$ kann nur zur Eingabe und Ausgabe von Daten verwendet werden, und Port $P3$ ist ein unidirektionaler Datenbus mit 4 Eingängen ($P3_0$ ... $P3_3$) und 4 Ausgängen ($P3_4$ ... $P3_7$).

Darüber hinaus verfügt die Z 8-MCU noch über eine interne Funktionseinheit zur seriellen Dateneingabe und -ausgabe (UART). Sowohl für die CPU als für die MCU gibt es eine Befehlsliste, die der Anwender den entsprechenden Datenbüchern der Hersteller entnehmen kann.

Darauf einzugehen, würde den Umfang dieser einfachen Einführung sprengen. Lediglich das Prinzip dieser Befehle soll noch kurz erklärt werden, und zwar anhand des folgenden Beispieles: Die Befehle bestehen aus einem oder mehreren 8-bit-Wörtern, die von einem externen Speicher über den Datenbus in den CPU- bzw. MCU-Schaltkreis eingegeben werden. Beispielsweise gehört zu dem Befehl „Gebe den Inhalt des Registers A der CPU Z 80 aus" das 8-bit-Befehlswort 1101 0011. Dieses Befehlswort besteht aus Einsen und Nullen, muß also in einem äußeren Speicher stehen und muß zum richtigen Zeitpunkt über den Datenbus in den CPU-Schaltkreis geholt werden. Damit man für die Befehle nicht immer einen langen Satz formulieren muß, ist

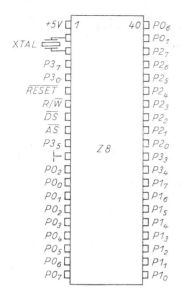

Bild 117. Anschlußbelegung des Mikrocomputer-schaltkreises Z 8

Tafel 23. Bedeutung der Anschlüsse des Einchipmikrocomputerschaltkreises Z 8

Anschlußbezeichnung	Bedeutung
$XTAL$	Anschluß des Schwingquarzes
$\overline{AS}$ (Ausgang low-aktiv)	auf dem BUS sind Adressen gültig
$\overline{DS}$ (Ausgang low-aktiv)	auf dem BUS sind Daten gültig
$R/\overline{W}$ (Ausgang low-aktiv)	MCU gibt Daten aus
$\overline{RESET}$ (Eingang low-aktiv)	Initialisierung der MCU (Beginn der Ausführung des Programms bei der Adresse $000C_H$)
$P0_0 \dots P0_7$	bidirektionaler Adreß- und Datenbus
$P1_0 \dots P1_7$	bidirektionaler Adreß- und Datenbus
$P2_0 \dots P2_7$	bidirektionaler Datenbus für Eingabe und Ausgabe
$P3_0 \dots P3_3$	unidirektionaler Datenbus für Eingabe
$P3_4 \dots P3_7$	unidirektionaler Datenbus für Ausgabe

eine Kurzsprache, Mnemonic genannt, entwickelt worden. Unser Befehl lautet in dieser Assemblersprache einfach „OUT A". Nach diesem Prinzip ist nun die gesamte Befehlsliste aufgebaut (es gibt verschiedene Befehlstypen: Transportbefehle, Ausgabe- und Eingabebefehle, Rechenbefehle, Verknüpfungsbefehle u. a. m.).

5. Anwendung von Standardschaltkreisen in der Mikrocomputertechnik

5.1. Allgemeine Grundlagen

Bei der Anwendung hochintegrierter Schaltkreise (Speicher, Mikroprozessoren, Mikrorechnerchips) erfolgt die Anpassung an das konkrete Geräteproblem des Kunden durch Programmierung. Das bedeutet, daß vom Anwender neben der Zusammenschaltung der Standardschaltkreise, z. B. auf einer Leiterkarte, noch eine Softwareentwicklung durchgeführt werden muß. Die Kosten für eine solche Softwareentwicklung können u. U. beträchtlich sein. Außerdem ist oft eine Systemlösung durch Anwendung von Standardschaltkreisen auch aus technischen Gründen (Arbeitsgeschwindigkeit, Leistungsverbrauch) ungünstiger als ein maßgeschneiderter Kundenwunschschaltkreis. deshalb muß in jedem Fall entschieden werden, welche Lösung technisch und ökonomisch günstiger ist.

Ein beliebiges Problem der digitalen Informationsverarbeitung, wie es z. B. bei arithmetischen Berechnungen, bei Regel- und Steuervorgängen oder Datenmanipulationen auftritt, kann aber von einem Mikroprozessorschaltkreis in Zusammenarbeit mit einem Speicher erledigt werden. Dabei muß der Speicher i. allg. aus zwei Teilen bestehen: einem Teil für das Programm (meist wird dazu ein ROM oder ein EPROM verwendet), nach dem der Mikroprozessor arbeiten soll, und einem Teil für variable Daten (meist wird dazu ein RAM verwendet), die während der Abarbeitung des Programms

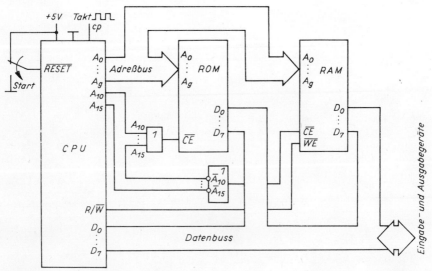

Bild 118. Logikschaltung eines Mikrorechners

anfallen bzw. vom Anwender eingegeben werden. Dieser Speicher wird auch als Notizblockspeicher bzw. Speicher für Anwenderprogramme verwendet. Der Teil des Speichers, in dem das Arbeitsprogramm steht, wird mit einem ROM- bzw. EPROM-Schaltkreis (s. Abschnitte 3. und 4.) realisiert, damit das Programm, das der Anwender (mit viel Mühe) erstellt hat, nicht bei Ausfall der Versorgungsspannung verlorengeht bzw. nicht zu Beginn jeden Betriebes des Mikrorechners immer wieder geladen werden muß (von einem externen Datenträger). Der Speicherteil, der die variablen Daten enthält, muß ein RAM sein, d. h. ein Speicher, der beliebig gelesen und geschrieben werden kann (s. Abschnitt 3.1.).

Diese Bestandteile werden entsprechend Bild 118 zusammengeschaltet. Wir wählen für den ROM-Speicher einen 1-kbyte-Speicherschaltkreis und für den RAM-Speicher ebenfalls einen 1-kbyte-Speicherschaltkreis (bzw. 8×1-kbit-Speicherschaltkreise mit je einem Datenausgang und -eingang). Die Datenleitungen der Speicher werden einfach mit dem Datenbus des Mikroprozessorschaltkreises $D_0 \ldots D_7$ zusammengeschaltet. Die 1-kbyte-Speicher haben jeweils 10 Adresseneingänge $A_0 \ldots A_9$ (da $2^{10} = 1024$ bit $= 1$ kbit). Sie werden mit den ersten 10 Adressenleitungen des 16-bit-Adreßbus des Mikroprozessorschaltkreises zusammengeschaltet. Aus den übrigen Adressenleitungen des Mikroprozessoradreßbus $A_{10} \ldots A_{15}$ werden die Chip-enable-Signale der Speicher gewonnen. Dabei muß beachtet werden, daß der Speicher für das Programm (ROM) stets von der Adresse 0 beginnend angeordnet werden

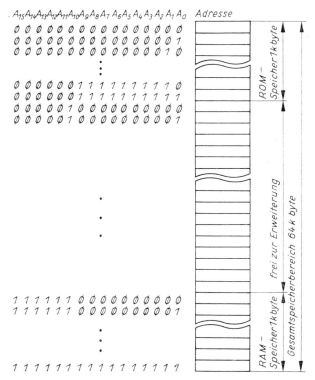

Bild 119. Speicheraufteilung eines Mikrorechners

muß, da der Mikroprozessor Z 80 so gebaut ist, daß er nach dem Rücksetzen stets als erste Adresse für den ersten Befehl die Adresse $A_{15} \dots A_0 = 0000000000000000$ ($= 0000_\mathrm{H}$ s. Tafel 1) aussendet. Danach wird die Adresse um 1 erhöht, also 0000000000000001 ausgesendet usw. Das bedeutet, daß für unseren 1-kbyte-ROM-Speicherbereich die Adressen $A_{15} \dots A_{10}$ stets 000000 sein müssen (s. Bild 119). Da der Speicher mit dem low-aktiven Signal $\overline{CE}$ (chip enable) dann aktiviert wird, wenn $\overline{CE} = 0$ ist und andererseits dies dann der Fall sein soll, wenn $A_{15} \dots A_{10} = 000000$ ist, gilt für die Erzeugung des $\overline{CE}$-Signals die Logikgleichung

$$\overline{CE} = \overline{\overline{A}_{15} \cdot \overline{A}_{14} \cdot \overline{A}_{13} \cdot \overline{A}_{12} \cdot \overline{A}_{11} \cdot \overline{A}_{10}}$$
$$= A_{15} \vee A_{14} \vee A_{13} \vee A_{12} \vee A_{11} \vee A_{10} \,. \tag{83}$$

Das bedeutet, das $\overline{CE}$-Signal wird mit einem OR-Gatter, wie es im Bild 118 gezeigt ist, gebildet.

Der RAM-Speicherbereich könnte im Prinzip gleich im Anschluß an diesen ROM-Speicherbereich angeordnet werden, er kann aber auch an eine andere noch freie Stelle des Gesamtspeicherbereiches angeordnet werden. Der Gesamtspeicherbereich, der von unserem Mikroprozessorschaltkreis mit den 16 Adressenleitungen $A_{15} \dots A_0$ adressiert werden kann beträgt $2^{16} = 65\,536$ bit $= 64$ kbyte (s. Bild 119).

Legen wir den RAM-Speicherbereich z. B. an das Ende des verfügbaren Gesamtspeicherbereiches, wie es im Bild 119 gezeigt ist, so müssen die Adressenleitungen $A_{15} \dots A_{10}$ bei Aufruf unseres RAM-Speichers die Belegung $A_{15} \dots A_{10} = 111111$ haben. Bei dieser Belegung muß das Chip-enable-Signal für diesen Speicher $\overline{CE} = 0$ sein. Zur Erzeugung dieses Enable-Signals gilt damit die Logikgleichung

$$\overline{CE} = \overline{A_{15} \cdot A_{14} \cdot A_{13} \cdot A_{12} \cdot A_{11} \cdot A_{10}}$$
$$= \overline{A}_{15} \vee \overline{A}_{14} \vee \overline{A}_{13} \vee \overline{A}_{12} \vee \overline{A}_{11} \vee \overline{A}_{10} \,. \tag{84}$$

Das bedeutet, daß das $\overline{CE}$-Signal aus einer OR-Verknüpfung der negierten Adressensignale $\overline{A}_{15} \dots \overline{A}_{10}$ erzeugt wird. Das entsprechende Logikgatter ist im Bild 118 mit eingezeichnet.

Das Schreibsteuersignal $R/\overline{W}$ des Mikroprozessorschaltkreises wird direkt mit dem Schreib-enable-Eingang $\overline{WE}$ des RAM-Speicherschaltkreises verbunden.

Starten können wir unseren Mikrorechner mit dem $\overline{RESET}$-Signal, das den Programmzähler bei Low-Pegel auf 0000000000000000 zurücksetzt, so daß die Programmabarbeitung von vorn beginnt.

Damit sich unser Mikrorechner nicht nur mit sich selbst beschäftigt, muß selbstverständlich an den Datenbus ein Gerät für die Eingabe und Ausgabe (angeschaltet wird dies über einen speziellen Schaltkreis) angeschlossen werden.

Alles, was wir bisher gemacht haben, ist der sog. **Hardwareentwurf**. Die Zusammenschaltung der Schaltkreise entsprechend Bild 118 erfolgt auf einer Leiterkarte.

Nun kommt aber noch der i. allg. umfangreichere und schwierigere Teil der Arbeit. Die Art und Weise der problemangepaßten Funktion unseres Mikrorechners erfolgt nämlich Schritt für Schritt nach dem **Programm**, welches ab der Adresse 0000000000000000 ($=0000_H$) im ROM-Speicher stehen muß. Dieses Programm besteht aus 8 bit langen Wörtern (bytes) aus Einsen und Nullen. Mit diesen Wörtern muß der ROM-Speicher gefüllt werden. Soll der 1. Befehl z. B. „Addiere zum Inhalt des Registers A den Inhalt des Registers B" sein, so bedeutet das, daß bei der Adresse 0000_H im ROM $10000000 = 80_H^1)$) stehen muß (80_H ist der Hexadezimalkode von 10000000 gemäß Tafel 1).

Es wäre nun sehr unrationell, auf diese elementare Weise ohne Hilfsmittel den ROM-Schaltkreis für das Programm mit Einsen und Nullen zu „füllen" (programmieren). Dafür gibt es folgende Hilfsmittel:

Zunächst verwendet man beim Programmieren für die Befehle nicht Folgen von Einsen und Nullen, sondern Programmiersprachen. Die niedrigste Form einer **Programmiersprache** ist die Assemblersprache. In dieser Sprache wird jedem Maschinenbefehl eine Mnemonic zugeordnet. In dieser Sprache heißt z. B. unser obiger Befehl „Addiere zum Inhalt des Registers A den Inhalt des Registers B" einfach „ADD A,B."

Ein entsprechendes Assemblerprogramm wandelt diese Befehlsmnemonic dann in Folgen von Einsen und Nullen um, so wie es für den speziellen Mikroprozessorschaltkreis entsprechend dem Befehlskode vorgeschrieben ist. Also z. B. für den Mikroprozessorschaltkreis Z 80 ADD A,B $= 10000000$. Diese Einsen und Nullen für die aufeinanderfolgenden Befehle werden dann auf einem Datenträger ausgegeben.

Dieser Datenträger dient seinerseits zur Steuerung für ein Programmiergerät, welches automatisch die Einsen und Nullen an die richtigen Speicherplätze des ROM-Speichers bringt. In einigen Mikrorechnern besteht der ROM-Speicher meist aus einem (oder mehreren) EPROM. In diesem Fall bewirkt das Programmiergerät an den Stellen des Speichers, wo eine 0 eingeschrieben werden soll, durch einen hohen Spannungsimpuls das Aufladen des Speichergates eines Speicherfeldeffekttransistors an der entsprechenden Stelle im EPROM-Speicher (Funktion und Ausführung der EPROM-Speicher sind in den Abschnitten 3. und 4. behandelt worden). Im Programmiergerät wird also gewissermaßen die Information, das Programm, vom Datenträger auf das Silizium übertragen.

Zum Abschluß dieses Abschnittes wollen wir noch ein kleines **Programmbeispiel** behandeln: Es seien zwei 8stellige Dualzahlen X und Y zu multiplizieren. X, der Multiplikand, stehe im Register E, der Multiplikator Y stehe im Register C. Das Ergebnis soll in den Registern H und L stehen, und zwar die 8 niederwertigen Bits des Ergebnisses im Register L und die 8 höherwertigen Bits des Ergebnisses im Register H. Zur Rechnung seien die internen Register A, B, C, D, E, H, L des Mikroprozessorschaltkreises verfügbar.

Zunächst stellen wir ein Flußdiagramm auf. Dazu müssen wir uns eine Multiplikationsmethode auswählen. Wir verwenden die Methode mit wiederholter Addition und Linksverschiebung, die zunächst an folgendem Zahlenbeispiel veranschaulicht werden soll.

Es sei $\quad X = 1101 \quad (\hat{=}\,13)$

$\qquad\quad Y = 0101 \quad (\hat{=}\ 5)$

---

¹) Dies gilt für den Schaltkreis U 880.

Die Multiplikation geht nun wie folgt vor sich:

$$
\begin{array}{r}
m_3 m_2 m_1 m_0 \\
1101 \times 0101 \\
+ \quad 0000 \quad \text{da } m_1 = 0 \\
+ \quad 1101 \quad \text{da } m_2 = 1 \\
+ \quad 0000 \quad \text{da } m_3 = 0 \\
\hline
01000001 \quad \text{Ergebnis} = 65
\end{array}
$$

Das Flußdiagramm ist im Bild 120 gezeigt. Zunächst wird der Multiplikand in das Register E geladen, das Register D wird mit Nullen geladen. Beide

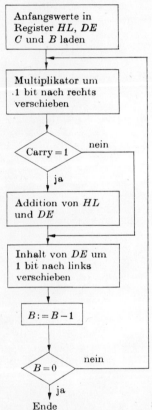

Bild 120. Flußdiagramm für ein Programm zur Multiplikation zweier Binärzahlen mit einem Mikrorechner

werden im Verlauf des Programms als Doppelregister (16 bit) DE behandelt Dann wird in das Register C der Multiplikator geladen, und schließlich wird das Doppelregister HL auf 0 zurückgesetzt. Dann wird der Multiplikator im Register C um eine Stelle nach rechts verschoben und das nach rechts aus dem Register C herauslaufende Bit in einem sog. Übertrags-(Carry-)Flipflop (Carry-Flag) des Mikroprozessorschaltkreises gespeichert. Ist nach dieser Verschiebung das Carry $= 1$, so erfolgt eine Addition der Register DE und HL, im anderen Fall erfolgt diese Addition nicht. Nun wird der Inhalt des Doppelregisters DE um eine Stelle nach links verschoben. Danach erfolgt Erniedrigen des Registerinhaltes B um 1 (Dekrementieren). Das Register B war vor Beginn der Rechnung mit 8 = Anzahl der Stellen des Multiplikators geladen worden. Dann wird getestet, ob $B=0$ ist, d. h., ob alle Stellen schon abgearbeitet sind (es muß so oft addiert bzw. nicht addiert und verschoben werden, wie der Multiplikator Stellen hat, s. unser Beispiel $13 \times 5 = 65$!). Ist dies nicht der Fall, so beginnt das Ganze von neuem, im anderen Fall wird gestoppt.

Das Programm kann dann in Assemblersprache wie folgt aussehen:

Befehl Nr.		
1	LD B,8	Lade 8 in das Register B
2	LD HL,∅	Lade ∅ in das Doppelregister HL
3	LD D,∅	Lade ∅ in das Register D
4 M2	RR C	Verschiebe den Inhalt des Registers C um eine Stelle nach rechts und lade mit dem auslaufenden Bit das Carry-Flag
5	JR NC, M1	Springe zu Marke $M1$ im Programm, wenn das Carry nicht 1 ist
10	ADD HL, DE	Addiere die Inhalte der Doppelregister HL und DE
11 M1	SLA E	Verschiebe den Inhalt des Registers E nach links (dadurch gelangt das höchstwertige Bit in das Carry-Flag)
12	RL D	Verschiebe den Inhalt des Registers D nach links, wobei das niederwertigste Bit mit dem Inhalt des Carry-Flags geladen wird (auf diese Weise gelangt das höchstwertige Bit des Registers E an die niederwertigste Stelle des Registers D)
13	DJNZ M2	Dekrementiere das Register B und springe, falls dessen Inhalt nicht Null ist, zur Marke $M2$ im Programm

Nun kann der Rücksprung in ein laufendes Programm erfolgen, da im Doppelregister HL das Ergebnis steht.

In diesem Programm ist der Teil nicht enthalten, der für das Laden der Register C und E mit dem Multiplikator bzw. mit dem Multiplikanden zuständig ist. Das war für unser Ziel, an einem äußerst einfachen Beispiel das Programmieren von Mikroprozessoren zu zeigen, auch nicht notwendig. Schließlich soll noch bemerkt werden, daß die im Programm verwendete Mnemonic für die Befehle mit der für den Mikroprozessorschaltkreis Z 80 übereinstimmt.

5.2. Einige praktische Aspekte bei der Realisierung von Mikrocomputern

Bisher hatten wir nur die allerelementarsten Grundlagen behandelt. Praktische Mikrocomputer, wie sie uns heute beispielsweise als **Personal- und Homecomputer** bekannt sind, haben eine Reihe spezifischer Hard- und Softwarekonzeptionen. Wir wollen diese im folgenden in einigen Details zeigen:

5.2.1. Videointerfacecontroller

Der Bildschirm ist ein wichtiges Ausgabegerät für Computer. Für flexible Videografik, wie sie oft bei Homecomputern realisiert wird [22], ist die Nutzung der CRT-Steuerung aus Abschn. 3.6.6., Bild 105 (Videointerfaceadapter $\triangleq$ VIA), oft nicht attraktiv, da diese durch die physikalische Lokalisierung des Text-RAM und Zeichen-ROM außerhalb des Systembusses keine flexible Lösung zuläßt. Sie ist jedoch die schnellste Variante und daher sehr nützlich für klassische Computerminals; für Home- und Personalcomputer verwendet man oft andere Lösungen. Eine mögliche Realisierungsvariante (in Ergänzung zu der von Bild 105) ist im Bild 121 gezeigt (VIC). Als Kern ist auch hier die schon mit Bild 118 bekannte Zusammenschaltung von Mikroprozessor (CPU) und Speichern (ROM, RAM) über die Systembusse A und D enthalten. Lediglich eine Verallgemeinerung gegenüber Bild 118 ist gemacht, und zwar die Verwendung einer allgemeinen Chipselectlogik, aus der die CE-Signale der Bausteine des Systems gewonnen werden und auf die wir später noch zu sprechen kommen.

Das Wesentliche, was Bild 121 jedoch zeigt, ist, daß für die Bildschirmsteuerung keine von den anderen System-RAM und ROM-Speichern physikalisch getrennten RAMs und ROMs existieren. Hierbei erfolgt die Benutzung der am Systembus liegenden RAMs und ROMs für Videografik durch einen Videointerfacecontroller (VIC), der diese in direktem Speicherzugriff (DMA $\triangleq$ direct memory access) bedient.[1] Die Grundfunktion ist aber im wesentlichen die des klassischen CRT-Controllers von Bild 105. Mit den im Abschn. 3.6.6. erworbenen Kenntnissen kann man daher die Funktion wie folgt verstehen:

Die CPU und der VIC müssen sich in den Adreß- und Datenbus teilen. Dazu gibt es 3 Möglichkeiten:

1. der sogenannte DMA-Betrieb (direct memory access). Hierbei wird die CPU durch ein Signal des VIC aufgefordert, sich vom Adreß- und Datenbus abzuschalten (BUSRQ $\triangleq$ bus request bei Z 80).
2. Anhalten der CPU durch Unterbrechen des Systemtaktes (bei Z 80 möglich).
3. Das Abschalten der CPU vom Adreß- und Datenbus durch Tristatetreiber. Dies ist bei solchen Mikroprozessoren möglich, wo die Busse nur periodisch benötigt werden (z. B. 6502).

Wir wollen hier diese 3. Möglichkeit mit Bild 121 etwas genauer betrachten. Voraussetzung für diese Variante ist, daß der VIC mit einer höheren Taktfrequenz arbeitet als die CPU ($f_{\Phi_0} \geqq 4 f_{\Phi_1}$). Wir wollen annehmen, daß wir eine CPU zur Verfügung haben (z. B. 6502), die nur während des Highpegels des Systemtaktes Φ_1 die Busse benötigt, also Lese- oder Schreibbefehle ausführt. In diesem Falle kann man während der Lowpegel von Φ_1 über die Enableeingänge der Adreß- und Datenbustreiber (Tristatetreiber) die CPU „abklemmen". In dieser Periode darf dann der VIC den ROM (als Zeichengenerator) oder den RAM (als Video-RAM oder programmierbaren Zeichengenerator) lesen (über R wird $R/\overline{W}$ stets auf High gelegt!). Es wird nun (z. B. bei $f_{\Phi_0} = 4 f_{\Phi_1}$) in der ersten Lowphase von Φ_1 vom VIC über den Tristate-

---

[1] Eine andere Möglichkeit ist die Abschaltung der CPU durch Unterbrechung des Taktes Φ während der Videodarstellung.

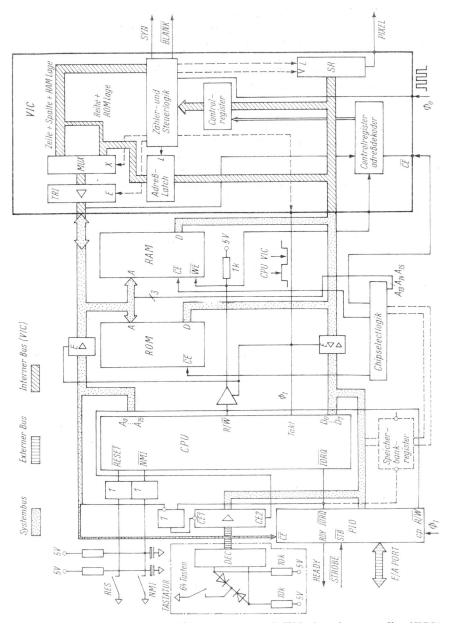

Bild 121. Blockschaltbild eines Mikrocomputers mit Videointerfacecontroller (VIC)

treiber *TRI* ein bestimmter RAM-Bereich der als Video-RAM fungiert, adressiert. Die Adresse wird aus Spalten- und Zeilenzählerstand und der globalen Adreßlage zusammengesetzt. Der ASCII-Code des darzustellenden Zeichens gelangt über den Datenbus zum VIC und hier in ein Adreßlatch. In der folgenden Lowphase des Systemtaktes Φ_1 wird der Multiplexer MUX umgeschaltet, so daß nun eine Adresse zur Adressierung des Charaktergenerators auf den Adreßbus vom VIC geschickt wird. Diese Adresse setzt sich aus der Zeichenadresse (ASCII-Code) im Adreßlatch, dem Zählerstand des Reihenzählers (vgl. Bild 105) und der globalen Adresse zusammen, die die Lage des Zeichengenerators im gesamten adressierbaren Speicherraum bestimmt. Aus dem Zeichengenerator gelangt nun ein 8-bit-Datenwort (entsprechend $x_8x_7x_6x_5x_4x_3x_2x_1$ von Bild 104) in das Schieberegister SR des VIC und wird in 8 Takten, d. h. während bereits wieder ein neuer Zeichencode gelesen wird, ausgeschoben, was die Hell-Dunkel-Impulse (PIXELS) für das Videosignal liefert. Bei $f_{\Phi_1} = 1$ MHz dauert ein solcher Zyklus insgesamt 2 µs. Das ist genug Zeit, um zweimal zu den Speichern zuzugreifen.

Dieses Prinzip des VIC ermöglicht eine hohe Flexibilität der Bilddarstellung, da die Zähler- und Steuerlogik von den Inhalten der Controlregister programmiert werden kann. Die Inhalte der Controlregister können mit einem normalen Speicherladebefehl geändert werden. Dadurch ist eine dynamische Änderung der Eigenschaften des VIC (z. B. Zeichenzahl, Bildgröße, Form der Zeichen, Bildlage u. a. m.) während des Programmlaufes möglich, was zu einer Reihe optisch sehr wirksamer Effekte führt. Auch die Umschaltung auf hochauflösende Grafik (direktes Ausschieben des RAM-Inhaltes) ist möglich.

Wird das vom VIC im Video-RAM adressierte Datenwort nicht als Zeichencode in das Adreßlatch geladen, sondern direkt in das Schieberegister, so erfolgt damit die Umschaltung auf hochauflösende Grafik. Bei hochauflösender Grafik ist nämlich jeder Bildpunkt ansteuerbar, d. h., jedes Bit des Datenbytes des Video-RAM entspricht einem PIXEL auf dem Bildschirm. Dafür ist bei unserem 8×8-Raster für Zeichen aber 8mal mehr RAM-Speicherplatz erforderlich. Die Zeichen zur Darstellung von Text werden dann durch Softwareroutine aus solchen Bytes zusammengesetzt, wozu u. a. allerdings auch ein Zeichen-ROM- oder RAM-Bereich zur „Berechnung der 8 Bytes" für das Zeichen verwendet wird. Damit ist die Vielfalt der Flexibilität des VIC noch bei weitem nicht erschöpft [22]. Der VIC nach Bild 121 und die CRT-Steuerung gemäß Bild 105 bilden also 2 alternative Lösungsvarianten für die Ausgabe über Bildschirme. Darüber hinaus gibt es noch zahlreiche weitere Varianten, die Derivate dieser beiden Grundvarianten sind.

5.2.2. Tastensteuerung

Die Haupteingabequelle für Mikrocomputer ist eine Tastatur (meist mit 64 Tastaturfunktionen und 2 Hardwaretasten RESET, NMI). Zur Realisierung gibt es eine Vielfalt von Möglichkeiten, von denen im Bild 122 einige zusammengestellt sind. Die hardwaremäßig am wenigsten aufwendige und daher verbreitetste Lösung ist das Prinzip der „walking one" (s. Bilder 122a und 122b). Über einen adressierbaren parallelen Eingabe-/Ausgabeport (z. B. a) eine PIO, vergl. Bild 101, oder b) Tristatebuffer) erfolgt eine sequentielle Abfrage (polling) einer Tastaturmatrix. Die Tasten sind zwischen 8 Zeilen- und 8 Spaltenleitungen angeordnet. Damit können $8 \times 8 = 64$ angeschaltet werden.

(Im Bild 122 nur eine gezeigt.) Betrachten wir die Funktion am Beispiel im Bild 122b. Mit 8 Inputbefehlen ($R/\overline{W} \vee \overline{IORQ} = \text{„0"}$) des ausgewählten E/A-

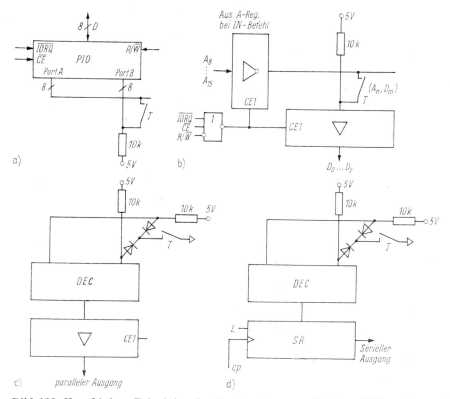

Bild 122. *Verschiedene Prinzipien der Tastatursteuerung für einen Mikrorechner*
a) mit wandernder „1" und PIO; b) mit wandernder „1" und Tristatetreibern; c) mit Dekodierung der Diodenmatrix (paralleler Ausgang); d) mit Dekodierung der Diodenmatrix (serieller Ausgang)

Ports ($\overline{CE} = \emptyset$) werden die Adreßleitungen $A_8 \ldots A_{15}$ nacheinander auf „1" gesetzt (walking one). Dadurch erhalten die Zeilenleitungen nach dem invertierenden Tristatetreiber im Bild 122 b nacheinander Lowpegel. Gleichzeitig wird der Datenbus $D_0 \ldots D_7$ nach einer „$\emptyset$" abgefragt. Das kann mit einem INPUT-Befehl erreicht werden [27]. Ist keine Taste gedrückt, so bleiben die Datenleitungen $D_0 \ldots D_7$ auf Highpegel. Wird eine Taste gedrückt, so erhält die entsprechende Spaltenleitung Lowpegel, da über die Taste und der gerade auf Lowpegel befindlichen Zeilenleitung der Lowpegel erzwungen wird. Die CPU entscheidet aus der gerade mit „1" beaufschlagten Adreßleitung und der auf Low liegenden Datenleitung, welcher Kreuzungspunkt (A_n, D_m) in der Matrix betroffen ist, also welche Taste gedrückt war. In einer Softwareroutine *CONV* wird dann der genormte Zeichencode berechnet (z. B. ASCII $\triangleq$ American Standard Code of Information Interchange).

Zum Beispiel:

WALK:	LD	B,$\emptyset$8H;	Adressenzähler einstellen
	LD	A,$\emptyset$1H;	A_8 auf High
WA1:	PUSH	AF;	Adressenstand retten
	IN	$\emptyset$FEH;	Datenport abfragen

```
              CMP      ØFFH        keine Taste?
              JPNZ     WA2;        war eine Taste, dann nach WA2
              POP      AF          sonst
              SA       A           nächste Adreßleitung
              DJNZ     WA1;        aktivieren und noch mal
              LD       A,Ø;        falls nach 8 Versuchen nichts –
                                    dann A ← Ø
              RET;
WA2:          CALL     CONV;       sonst. Konvertierung
              POP BC               A,B, in ASCII → A.
              RET
```

Völlig analog ist das Funktionsprinzip der Variante nach Bild 122a mit
2 PIO-Ports. Hier ist zusätzlich noch durch das Prinzip der „line reversal"
(Umschaltung der Ports von Aus- auf Eingang und umgekehrt) eine Option
gegeben [20]. Die Prinzipien in den Bildern 122c und 122d bestehen aus einer Tastaturmatrix mit z. B. 8×8 bzw. 4×16 Leitungen. Hierbei wird durch Kodierung
der Zeilen- und Spalteninformationen direkt der genormte ASCII-Code erzeugt. Die Kodierung kann mit einer Diodenmatrix und Logikschaltungen
erfolgen. SHIFT und CTRL-Tasten sind zur Erweiterung des Zeichensatzes
(z. B. auf kleine Buchstaben) einbezogen. Diese Variante ist hardwaremäßig auf-
wendiger, jedoch entfällt die komplizierte Abfrage und die Codeberechnung.
Die Varianten c) und d) unterscheiden sich nur durch parallele und serielle
Ausgabe. Letztere wird bei größeren Entfernungen von Keyboard und Computer bevorzugt, Variante c) ist einfacher und ist in unserer Gesamtschaltung
Bild 121 verwendet worden.
Weitere Möglichkeiten beruhen auf dem Zählerprinzip, nachdem ein Zähler-
stop bei Tastaturdruck erfolgt und der aktuelle Zählerstand dem Tastencode
entspricht.

5.2.3.   Druckersteuerung

Die Ausgabe von Hardcopies erfolgt mittels Druckers. Sehr einfach kann
ein Drucker über einen parallelen E/A-Port (CENTRONICS-Schnittstelle,
s. Bild 123) angeschlossen werden. Da der Drucker sehr viel langsamer druckt
als der Mikroprozessor den Zeichencode zur Verfügung stellen kann, ist ein
Handshaking (vgl. auch Abschn. 3.6.4.) nötig. Es gibt zwei grundlegende
Prinzipien

– Interrupt,
– Polling.

Bei Interrupt unterbricht der Drucker die CPU und ruft eine Ausgaberoutine auf, d. h., er verlangt das nächste Zeichen. Während dann der Drucker
mit dem Drucken des Zeichens beschäftigt ist, fährt die CPU mit der Abarbeitung des laufenden Programms fort, bis der Drucker durch Interrupt das
nächste Zeichen verlangt usf.
In Mikrorechnern wendet man aber häufig das Prinzip des Polling an. Das
bedeutet, die CPU wartet unter ständiger Abfrage einer Sensorleitung (i. u. B.
Bild 123 DB1), bis der Drucker wieder bereit ist, das nächste Zeichen zu

übernehmen. In diesem Falle kann der Computer während des Druckens nicht mit einem anderen Programm beschäftigt werden. Diese Verschwendung kann man sich bei Mikrocomputern in der Regel leisten.

Das Handshaking vollzieht sich nach Bild 123 z. B. wie folgt:

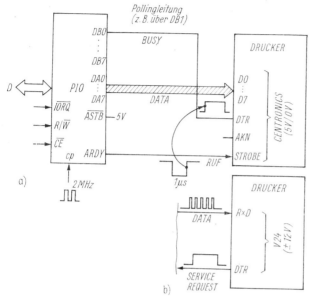

Bild 123. Schnittstellen für Druckeranschluß an Mikrorechner
a) CENTRONICS-Schnittstelle; b) V 24/RS 232-Serienschnittstelle

Über die RDY-Leitung der PIO (s. Abschn. 3.6.4.) wird dem Drucker mitgeteilt, daß in dem Ausgaberegister ein Zeichen zum Drucken bereitsteht [21]. Der Drucker übernimmt parallel den Zeichencode über die 8 Portleitungen $DA_0 \ldots DA_7$, setzt die Antwortleitung nach der L-H-Flanke von RDY auf High. Über die Portleitung $DB1$ fragt nun die CPU zyklisch ab, ob der Drucker fertig ist. Ist der Drucker fertig, setzt er die Antwortleitung auf Lowpegel und $DB1$ erhält Lowpegel. Nun beginnt der Zyklus: Ausgabe eines Zeichens in das Ausgaberegister-RDY auf Highpegel – usf. von neuem.

Serielle Schnittstellen werden bei großen Entfernungen zwischen Drucker und Computer bevorzugt. Hierbei hat sich die V24- (RS232C-) Schnittstelle (Bild 123b) durchgesetzt. Sie arbeitet nicht mit TTL-Pegel (5V/0V), sondern mit ± 12 V. Zwischen Drucker und PIO (bzw. SIO) muß noch eine Spannungswandlung vorgenommen werden. Der Datenaustausch erfolgt über die eine Datenleitung (RxD). Dies ist aber nur möglich, wenn DTR Highpegel an die E/A-Schnittstelle meldet. Ansonsten ist der Buffer des Druckers voll, und der Datentransfer muß zeitweilig unterbrochen werden.

5.2.4. Spielhebelsteuerung (Joy sticks)

Spielhebel (joy sticks) sind in ihrer einfachsten Version Schalter, die eine Leitung an Masse legen. Sie können direkt an einen E/A-Port angeschlossen werden. Dieser Port wird während des Programms abgefragt. (Keine Taste gedrückt, alle Portleitungen auf Highpegel $\triangleq$255, Rechtsbewegung gedrückt $\triangleq$128, da dann D_8 auf Low usf.).

5.2.5. Anschluß eines Kassettenrecorders

Das billigste Massenspeichermedium ist die handelsübliche Magnetbandkassette. Für den Anschluß eines solchen Gerätes an den Microcomputer gibt es auch eine Vielzahl von Möglichkeiten, von denen in den Bildern 124 und 125 die 2 Grundprinzipien dargestellt sind.

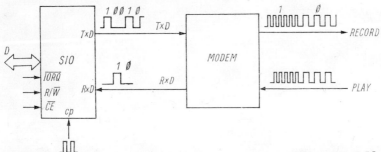

Bild 124. Magnetbandanschluß an einen Mikrorechner über SIO und Modem

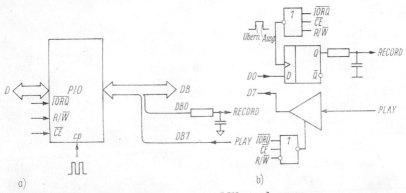

Bild 125. Magnetbandanschluß an einen Mikrorechner
a) über PIO bzw. c) über Treiber und Latch

Die klassische, jedoch nur selten angewendete Technik entsprechend dem KANSAS-CITY-Standard ist im Bild 124 dargestellt. Die Ausgabe der Bits erfolgt über einen seriellen E/A-Schaltkreis (SIO, vergleiche Abschn. 3.5.5.). Zur Aufzeichnung auf einer Kassette müssen diese noch in NF-Signale umgewandelt werden. Der logischen „1" werden 8 Schwingungen einer hohen Frequenz (2,4 kHz) und der „Ø" 4 Schwingungen einer niedrigen Frequenz (1,2 kHz) zugeordnet. Dies erfolgt in einer MODEM-Schaltung (s. Bild 124).

Rückwärts wird mit der MODEM-Schaltung aus Signalen mit hoher (2,4 kHz) und niedriger (1,2 kHz) Frequenz die „1" bzw. „0" dekodiert und über die SIO wieder in ein 8-bit-Wort (byte) verwandelt. Gleichzeitig erfolgt durch Paritätsprüfung der Fehlertest.

Die heute häufig angewendete Technik verwendet als Eingabe-/Ausgabeleitungen entweder einzelne Leitungen von Parallelports (Bild 125 a), oder es wird einfach je eine Datenleitung über ein Latch für die Aufnahme (record) und einen Tristatebuffer für Wiedergabe (play) „angezapft". Sowohl die Parallel-Serien-Wandlung als auch die Kodierung in verschieden frequente Ausgangsspannungen und umgekehrt werden durch eine Softwareroutine des Betriebssystems des Computers realisiert [24].

5.2.6. Floppydisk

Magnetbandkassetten haben den Nachteil einer großen Zugriffszeit und Unsicherheit zur Information. Verwendet man dagegen statt Magnetbändern Magnetscheiben = Floppydisk, so kann man durch schnelle Bewegung des Aufnahme-/Wiedergabeknopfes eine kleine Zugriffszeit erreichen. Minifloppies haben z. B. Speicherkapazitäten von 512 byte pro Sektor und 8 Sektoren (records) pro Spur (track). Eine Seite hat gewöhnlich 40 Spuren [21] [28]. Die Dateiverwaltung auf der Floppy erfolgt z. B. mit speziellen Betriebssystemen DOS [28] bzw. CP/M [23].

5.2.7. Speichererweiterung über 64 kbit hinaus

Ein 8-bit-Mikrocomputer mit einem 16-bit-Adreßbus kann normalerweise nur $2^{16} = 65536 = 64$ kbyte adressieren. Will man damit einen Computer realisieren, der mehr als 64 kbyte adressieren kann, so gelingt das mit folgendem Trick: Man richtet ein über einen Ausgabebefehl zu beschreibendes Bankregister ein. Die Bits dieses Registers werden mit in die Chipselectlogik eingeknüpft, wie das im Bild 121 bereits gestrichelt angedeutet ist.
Da das 8-bit-Speicherbankregister $2^8 = 255$ verschiedene Zustände besitzen kann, könnte man den adressierbaren Speicherbereich theoretisch um den Faktor 255 erweitern (auf 16 Mbyte).
Das ist aber in der Regel bei Microcomputern nicht sinnvoll. Bei 16-bit-Prozessoren mit einem 20-bit-Adreßbus erfolgt eine segmentierte Adressierung der möglichen 1024 kbyte [28].
Bei Microcomputern mit größeren ROM ist es oft wünschenswert, diesen ROM zugunsten der RAM-Erweiterung auszuschalten. Dies geschieht mit internen Signalen DIROM (disable ROM, vgl. Bild 121) über die Chipselectlogik.

5.2.8. Betriebssoftware

Wie wir bereits aus Abschn. 5.1. wissen, sind zur Inbetriebnahme des Mikrocomputers Programme nötig. Die Gesamtheit aller Programme, die zur Initialisierung der Register des Systems, der Steuerung der verschiedenen Eingabe- und Ausgabegeräte, der Datei- bzw. Speicherverwaltung sowie der interaktiven Arbeit durch Editieren, Ausgabe von Mitteilungen (messages) an den Nutzer dienen, bezeichnet man als Betriebssystem (OS ≙ operating system). Darüber hinaus sind noch Assembler- bzw. Übersetzerprogramme von einer höheren Programmiersprache (z. B. BASIC [25] oder PASCAL [26]) in den Maschinencode des Mikrocomputers nötig. Diese bezeichnet man als Interpreter bzw. Compiler. Höhere Programmiersprachen verwenden eine problemorientierte Syntax, die der menschlichen Denkweise bei der sprachlichen Formulierung eines Algorithmus wesentlich besser angepaßt ist als die Maschinensprache. So wird z. B. das Statement GOTO 1256 (gehe zum Programmspeicherplatz Nr. 1256) in BASIC in den Maschinencode (für Z 80) mit folgenden 3 Bytes umgewandelt [27]:

$$11000011 = C3H \text{ Operationscode,}$$
$$11101000 = E8H \text{ Lowbyte der Adresse,}$$
$$00000100 = 04H \text{ Highbyte der Adresse}$$

(In Assemblermnemonic ist dies der Befehl JMP 04E8.)

Wir werden im Abschn. 5.3. mit Aufgabe 2 an einem stark vereinfachten Betriebssystemteil die praktische Realisierung kennenlernen.

Für die Lokalisierung der zum Betrieb des Mikrocomputers notwendigen Software (Betriebssystem, Assembler, Editor, Interpreter bzw. Compiler für höhere Programmiersprachen u. a.) gibt es im Prinzip 2 Möglichkeiten:

1. *Residenz im ROM* des Computers (dies ist aus Kostengründen für Homecomputer bevorzugt, ist aber sehr starr) [24].
2. *Residenz auf einer Floppy.* Im Computer selbst befindet sich nur ein kleiner ROM-Bereich, der das Laden des Betriebssystems von der Floppy steuert. Als Betriebssysteme für diese Form (die bei Personalcomputern bevorzugt wird) haben CP/M [43] und DOS [28] (disc operating system) weite Verbreitung gefunden. Diese gestatten auch eine Dateiverwaltung auf der Floppy, wodurch die Bearbeitung größerer Probleme möglich wird.

5.3. Übungsaufgaben zum Mikrorechnerentwurf

Vorbemerkung:

Zur Lösung der folgenden Aufgaben zum Hard- und Softwareentwurf sind zusätzlich zu den Kenntnissen, die wir bisher in diesem Kurs erworben haben, noch weitere nötig. Diese sind z. B.

Auf dem Hardwaregebiet:

– Kenntnisse über das verfügbare Bauelementesortiment und deren spezifische Funktion. Dies betrifft besonders die Dekoderschaltkreise 8205, die Zähler und Schieberegisterschaltkreise 74193 und 7495 und die Tristatetreiber 541/540. Mit den Kenntnissen des Abschnittes 3.3. ist aber das Verständnis schnell zu gewinnen.
– Kenntnisse der Fernsehtechnik (Normen der Fernsehsignale);
– erweiterte Kenntnisse der Transistorschaltungstechnik (z. B. für Taktgeneratorschaltung, Herstellung des normgerechten Fernsehsignals astabiler Multivibrator für Cursorblinken).

Auf dem Softwaregebiet:

– Kenntnisse der gewünschten Systemeigenschaften des Mikrocomputers;

– Kenntnisse der Programmierung im Maschinencode bzw. Assemblersprache des Z 80 [27].

Deshalb fällt dieser Teil etwas aus dem üblichen Rahmen dieses Kurses einer
Einführung ohne Vorkenntnisse. Wer über diese Kenntnisse nicht verfügt,
sollte gleich die Lösung studieren und wird dabei (bei etwas Beharrlichkeit)
all die Dinge lernen.

Aufgabe 1

Es ist ein Einplatinencomputer mit CPU Z 80 (s. Bild 116), 10-kbyte-EPROM
(5×2716, s. Tafel 21), 4-kbyte-RAM (8×2114, s. Tafel 19) und 1-kbyte-
Video-RAM (2×2114) zu entwerfen. Es sei eine Tastatur nach Bild 122c vorhanden, die einen 7-bit-ASCII-Code (s. Anhang) abgibt und die über einen
8-bit-Tristatetreiber[1] (z. B. 541) angeschlossen wird, der als I/O-Port mit
der Adresse FEH adressiert wird.

Für die Ausgabe auf dem Fernsehbildschirm soll das Schaltungsprinzip Bild
105 angewendet werden (24 Schriftzeilen à 32 Zeichen). Die Cursorinforma-
tion ist im höchstwertigen Bit des jeweiligen Zeichenbytes (für den ASCII-
Code werden nur die 7 niederwertigsten Bits benötigt, s. Anhang A) gespeichert ($b_7 = 1$; „Cursor", $b_7 = 0$: „Nicht Cursor"). Für das BAS-Signal gelte
in Anlehnung an die Fernsehnorm die in Bild 126 gezeigte Signalform.

Für den Speicher soll das im Bild 127 gezeigte Mapping gelten. Die Chipselektsignale werden aus den höherwertigen Adreßsignalen mit 1-aus 8-De-
kodern* (z. B. 8205) gewonnen. Als Bustreiber und Adreßmultiplexer der

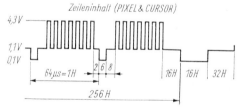

Bild 126. Norm des BAS-Fernsehempfangssignals

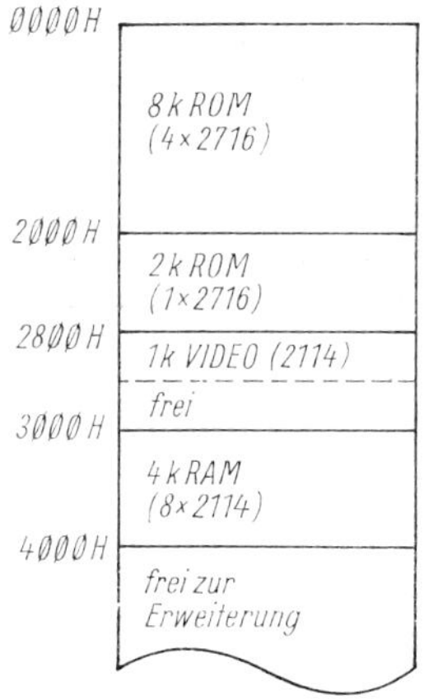

*Bild 127. Memorymapping eines in der Aufgabe 1 zu
entwerfenden Mikrocomputers*

[1]) s. Anhang B
* s. Anhang

151

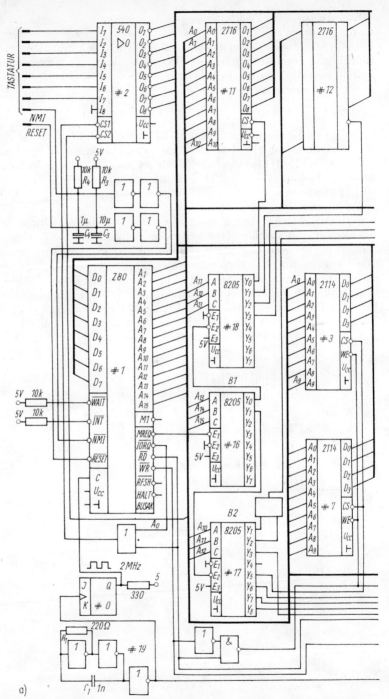

Bild 128. Schaltbild des nach Aufgabe 1 entworfenen Mikrocomputers (Lösung 1)

152

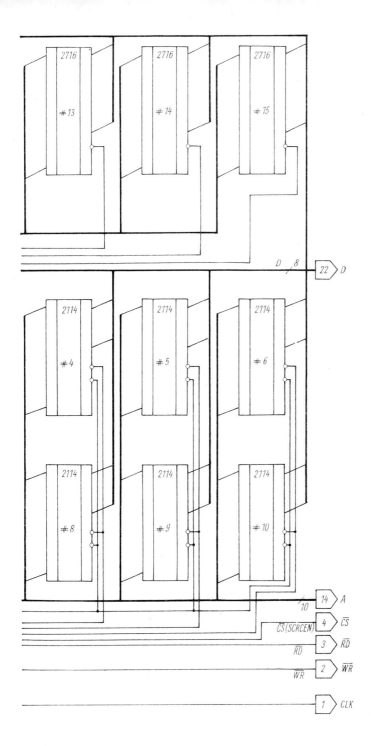

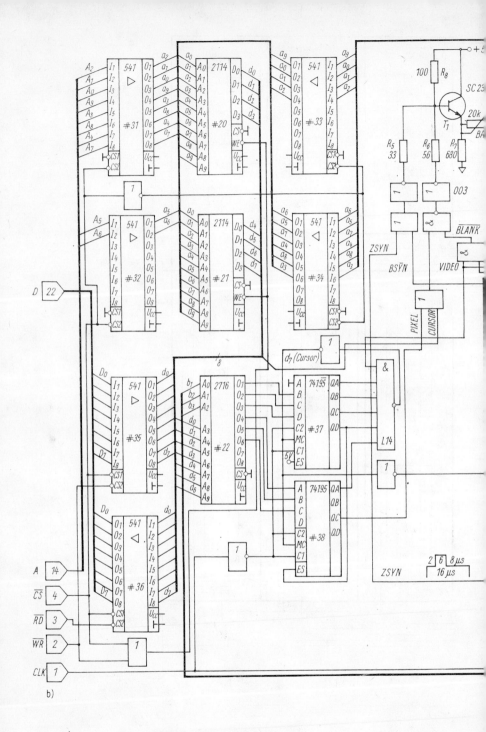

154

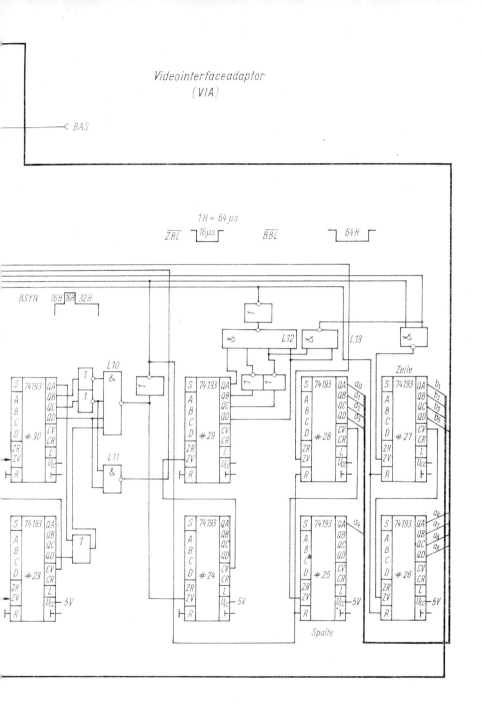

Videointerfaceadaptor
(VIA)

─C BAS

CRT-Steuerung (vgl. Bild 105) werden 8-bit-Tristatetreiber* (z. B. 541) verwendet.

Die CPU wird mit einem 2-MHz-Takt, die CRT-Steuerung mit einem 4-MHz-Takt betrieben.

Lösung 1

Eine Lösung dieser Aufgabe ist im Bild 128 gezeigt. Der Leser sei aufgefordert die Details dieser Lösung ausgehend vom bisher Gelernten zu ergründen.*

Aufgabe 2

Es ist das Flußdiagramm und der Assemblerquellcode (Z 80) gemäß [27] ein Teil eines Betriebssystems für den Computer nach Bild 128 nach eigenem Wunsch und Phantasie zu entwerfen. Als Arbeits- und Symbolbereich des Betriebssystems wird im RAM der Bereich 3000H bis 314FH reserviert. Dieses Fragment eines Betriebssystems soll:

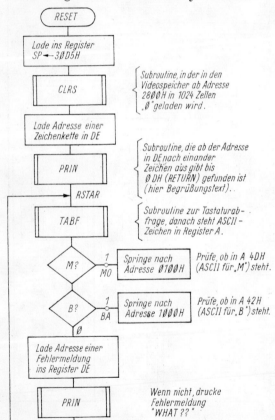

Bild 129. Flußdiagramm für das Fragment eines Betriebssystems für den Mikrocomputer nach Bild 128

1. im *Initialisierungsteil* den Stackpointer SP auf Adresse 30D5H setzen, den Bildschirm löschen (alles mit 00H laden) und den Cursor „home", d. h. an den Bildanfang (Adresse 2800H, s. Bild 127) setzen; die aktuelle Cursoradresse soll immer auf Adresse 3027H stehen;

* s. Anhang

2. eine Mitteilung auf dem Bildschirm ausgeben, die anzeigt, daß das Betriebssystem bereit ist;
3. die Eingabe über die Tastatur steuern;
4. einen Maschinenprogrammonitor ab Adresse Ø1ØØH durch „M" und einen

```
                    ABS. MACROASSEMBLER K1520 /3 MEOS 1521 V4.2
     LOC    OBJ.CODE    STMT    SOURCE PROGRAM
=================================================================85/08/02===001===========
                    0001            PN   EXAMPLE OS-FRAGMENT
                    0002    ;*****************************************
                    0003    ;*            SOFTWAREAUFGABE 1          *
                    0004    ;*            BY A. MOESCHWITZER 7-29-85  *
                    0005    ;*****************************************
                    0006    OPSYS: EQU  0
                    0007    MONIT: EQU  0100H
                    0008    BASIC: EQU  1000H
                    0009    VIANF: EQU  2800H
                    0010    CURSA: EQU  3027H
                    0011    STACK: EQU  30D5H
                    0012            ORG  OPSYS
0000  31 D5 30      0013    START: LD   SP,STACK
0003  CD 7C 00      0014            CALL CLRS          ;LOESCHEN VIDEOSPEICHER
0006  11 C2 00      0015            LD   DE,HAVE
0009  CD 21 00      0016            CALL PRIN          ;DRUCKE BEGRUESSUNGSTEXT
000C  CD 93 00      0017    RSTAR: CALL TABF           ;TASTENABFRAGE
000F  FE 4D         0018            CMP  4DH           ;M?
0011  CA 00 01      0019            JPZ  MONIT         ;SPRINGE ZUM MONITOR
0014  FE 42         0020            CMP  42H           ;B?
0016  CA 00 10      0021            JPZ  BASIC         ;SPRINGE ZU BASICINTERPRETER
0019  11 D2 00      0022            LD   DE,WHAT
001C  CD 21 00      0023            CALL PRIN          ;DRUCKE FEHLERMELDUNG
001F  18 EB         0024            JR   RSTAR-#
                    0025    ;****************************************
                    0026    ;* ROUTINE ZUR AUSGABE EINES TEXTFILES  *
                    0027    ;****************************************
0021  1A            0028    PRIN:  LD   A,(DE)         ;ANFANGSADRESSE TEXTFILE LADEN
0022  FE 0D         0029            CMP  0DH           ;CARRIAGE RETURN GEFUNDEN?
0024  28 06         0030            JRZ  CUSN-#        ;WENN JA,CURSOR AUF NEUE ZEILE
0026  CD 69 00      0031            CALL LDVI          ;SONST ZEICHEN AUSGEBEN
0029  13            0032            INC  DE            ;UND POINTER AUF NAECHSTES ZEICHEN
002A  18 F5         0033            JR   PRIN-#        ;DAS GANZE NOCHMAL
002C  2A 27 30      0034    CUSN:  LD   HL,(CURSA)     ;CURSORBIT 7
002F  CB BE         0035            RES  7,M           ;ZURUECKSETZEN
0031  3E E0         0036            LD   A,0E0H        ;CURSORADRESSE AUF
0033  A5            0037            AND  L             ;ZEILENANFANG
0034  6F            0038            LD   L,A
0035  11 20 00      0039            LD   DE,0020H      ;UND DANN
0038  19            0040            ADD  HL,DE         ;UM 32 ERHOEHEN
0039  7C            0041            LD   A,H
003A  FE 2C         0042            CMP  2CH           ;BILDSCHIRMENDE?
003C  CA 7C 00      0043            JPZ  CLRS          ;WENN JA, LOESCHE BILDSCHIRM
003F  CB FE         0044            SET  7,M           ;SONST SETZE CURSORBIT
0041  22 27 30      0045            LD   (CURSA),HL    ;LADE NEUE CURSORADRESSE
0044  C9            0046            RET
                    0047            ORG  0066H
0066  C3 00 00      0048            JMP  START         ;HIERIN KOMMT MAN BEI NMI!
                    0049    ;**************************************************
                    0050    ;* ROUTINE ZUR AUSGABE EINES ZEICHENS AUF DEM BILDSCIRM *
                    0051    ;**************************************************
0069  2A 27 30      0052    LDVI:  LD   HL,(CURSA)     ;AKTUELLE CURSORADRESSE HOLEN
006C  CB BE         0053            RES  7,M           ;UND CURSORBIT ZURUECKSETZEN
006E  77            0054            LD   (HL),A        ;ZEICHEN IN A AUF CURSORPOSITION
006F  23            0055            INC  HL            ;CURSOR 1 STELLE NACH RECHTS
0070  7C            0056            LD   A,H
0071  FE 2C         0057            CMP  2CH           ;FALLS BILDSCHIRMENDE,
0073  CA 7C 00      0058            JPZ  CLRS          ;LOESCHE DEN BILDSCHIRM
0076  CB FE         0059            SET  7,M           ;SONST SETZE CURSORBIT NEU
0078  22 27 30      0060            LD   (CURSA),HL    ;UND LADE NEUE CURSORADRESSE
007B  C9            0061            RET
                    0062    ;***************************************************
                    0063    ;* ROUTINE ZUR LOESCHUNG DES BILDSCHIRMES          *
                    0064    ;***************************************************
007C  21 00 28      0065    CLRS:  LD   HL,VIANF
007F  01 00 04      0066            LD   BC,0400H      ;SETZE BYTEZAEHLER AUF 1024
```

Bild 130. *Quellprogramm im Assemblerkode für das Fragment eines Betriebssystems des Mikrocomputers nach Bild 128 und des Flußdiagrammes nach Bild 129 (Lösung Aufgabe 2)*

```
LOC     OBJ.CODE    STMT    SOURCE PROGRAM                          EX03
==========================================================85/08/02===002=========
0082  36 00        0067  CL1:    LD    M,0          ;LADE 0 IN DEN VIDEOSPEICHER
0084  23           0068          INC   HL           ;NAECHSTER SPEICHERPLATZ
0085  0B           0069          DEC   BC
0086  78           0070          LD    A,B
0087  B1           0071          OR    C            ;SIND SCHON 1024 BYTE GELOESCHT?
0088  20 F8        0072          JRNZ  CL1-#        ;WENN NEIN, DAS GANZE NOCHMAL
008A  21 00 28     0073          LD    HL,VIANF     ;SETZE
008D  CB FE        0074          SET   7,M          ;CURSOR
008F  22 27 30     0075          LD    (CURSA),HL   ;HOME
0092  C9           0076          RET
                   0077  ;#############################################
                   0078  ;#  ROUTINE ZUR EINGABE EINES ZEICHENS VON DER TASTATUR #
                   0079  ;#############################################
0093  C5           0080  TABF:   PUSH  BC           ;RETTE BC
0094  DB FE        0081  TBA:    IN    0FEH         ;HOLE EIN ASCII-ZEICHEN IN A
0096  FE 00        0082          CMP   0            ;WAR KEINE TASTE GEDRUECKT?
0098  20 FA        0083          JRNZ  TBA-#        ;DANN GEHE WEITER,SONST ZURUECK
009A  CD 84 00     0084          CALL  VERZ         ;WARTE CA 10 MILLISEKUNDEN
009D  DB FE        0085          IN    0FEH         ;UND SCHAUE ERNEUT, OB KEINE
009F  FE 00        0086          CMP   0            ;TASTE GEDRUECKT IST, SONST
00A1  20 F1        0087          JRNZ  TBA-#        ;GEHE NOCHMALS ZURUECK
00A3  DB FE        0088  INA:    IN    0FEH         ;JETZT WARTEN AUF EINEN NEUEN
00A5  FE 00        0089          CMP   0            ;TASTENDRUCK
00A7  28 FA        0090          JRZ   INA-#        ;
00A9  4F           0091  INB:    LD    C,A          ;UND LADE DAS NEUE ASCII-ZEICHEN
00AA  CD 84 00     0092          CALL  VERZ         ;CA 10 MILLISEKUNDEN WARTEN
00AD  DB FE        0093          IN    0FEH         ;UND PRUEFEN
00AF  B9           0094          CMP   C            ;OB ES IMMER NOCH DAS GLEICHE
00B0  20 F7        0095          JRNZ  INB-#        ;ZEICHEN IST, SONST NOCHMAL
00B2  C1           0096          POP   BC           ;BC ZURUECKHOLEN UND MIT GE-
00B3  C9           0097          RET                ;FUNDENEM ASCII-ZEICHEN IN A RET
00B4  C5           0098  VERZ:   PUSH  BC
00B5  06 05        0099          LD    B,05H        ;GROBZEITKONSTANTE
00B7  C5           0100  V2:     PUSH  BC
00B8  06 FF        0101          LD    B,0FFH       ;FEINZEITKONSTANTE
00BA  00           0102  V1:     NOP
00BB  10 FD        0103          DJNZ  V1-#
00BD  C1           0104          POP   BC
00BE  10 F7        0105          DJNZ  V2-#
00C0  C1           0106          POP   BC
00C1  C9           0107          RET
00C2             0108  HAVE:   DB    'HAVE A NICE DAY'
00D1  0D           0109          DB    0DH
00D2             0110  WHAT:   DB    'WHAT ??'
00D9  0D           0111          DB    0DH
00DA             0112          END
                 PROGRAM CONTAINS 0000 ERROR(S)
```

Basicinterpreter ab Adresse 1000H durch „B" rufen und jedes andere
Kommando als Fehler („*WHAT*?) quittieren. Maschinenprogrammmonitor
und Basicinterpreter sind **nicht** Gegenstand der Aufgabe.

Lösung 2

Das Flußdiagramm ist im Bild 129 und der Quellcode des Programms im
Bild 130 wiedergegeben.
Flußdiagramm und Quellkode sind in den Bildern 129 und 130 selbst
kommentiert und können nach Studium der entsprechenden Assemblersprache (Z 80-Mnemonik) in [27] auch leicht verfolgt werden. Selbstverständlich sind hierbei sehr viele Vereinfachungen vorgenommen, um das
Problem überblickbar zu halten (z. B. kein Scrollen des Bildschirms usw.
usf.). Die Phantasie des Lesers soll durch dieses sehr, sehr einfache Beispiel
angeregt werden, eine komfortablere Lösung zu finden.
Die beiden Programmblöcke BASIC und MONITOR, die in diesem Betriebssystem gerufen werden, sind **nicht** Gegenstand dieser Aufgabe. Es sei hier auf
die Quellen [25] und [24] verwiesen.

6. Analogschaltkreise

Zum Schluß dieses Buches wollen wir nun noch auf eine andere Klasse von integrierten Schaltungen eingehen, und zwar die Analogschaltkreise. Obwohl die Mikroelektronik zum größten Teil von den binären digitalen Schaltungen beherrscht wird (das drückt sich auch in der Umfangsaufteilung dieses Buches aus), so muß doch festgestellt werden, daß die Signale der uns umgebenden makroskopischen Welt analog, d. h. kontinuierlich veränderbar sind. Um auf Prozesse der realen Welt mittels digitaler mikroelektronischer Schaltungen einwirken zu können (steuern, messen, regeln), muß im allgemeinen erst einmal ein analoges Signal erfaßt (data aquisition), verstärkt (amplification) und gewandelt (convertion) werden.

Diese und eine Reihe weiterer Aufgabenstellungen insbesondere aus der Nachrichten- und Konsumgütertechnik haben eine Vielzahl von Analogschaltkreisen hervorgebracht. Der wohl universellste und daher in den größten Stückzahlen produzierte Analogschaltkreis ist der Operationsverstärker (von dem es natürlich ebenfalls eine Fülle von Typen gibt).

6.1. Operationsverstärker

Ein Operationsverstärker (Bild 131) verstärkt eine Differenzeingangsspannung u_D zu einer Ausgangsspannung $u_A = v_D u_D$. Dabei ist die Differenzverstärkung v_D so groß (ideal unendlich), daß im praktischen Fall $u_D \to 0$ gesetzt werden kann. Der Differenzeingangswiderstand R_D ist ebenfalls sehr hoch (ideal $R_D \to \infty$), so daß der Eingangsstrom i_D praktisch zu Null angenommen werden kann.

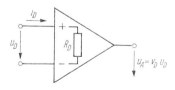

Bild 131. Schaltsymbol eines Operationsverstärkers

Ein weit verbreiteter Typ ist der Schaltkreis A 741 (s. Bild 132), der die folgenden Parameter hat:

Eingangswiderstand $R_D = 2\ \mathrm{M\Omega}$,
Verstärkung $v_D = 2 \cdot 10^5$,
Betriebsspannung $U_{CC}/ - U_{EE} = +15\mathrm{V}/ - 15\ \mathrm{V}$,
Stromaufnahme $I = 2\ \mathrm{mA}$,
Offsetspannung $U_{\mathrm{off}} = 1\ \mathrm{mV}$ (das ist die Spannung u_D, die am Eingang angelegt werden muß, damit die Ausgangsspannung $u_A = 0$ wird).

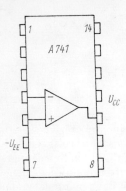

Bild 132. PIN-Belegung des Operationsverstärkerschalt-kreises A 741

Mit diesen Operationsverstärkerschaltkreisen kann man eine Vielzahl analoger Schaltungen und Systeme aufbauen. Als Beispiele sind im Bild 133 a ein nichtinvertierender Verstärker und im Bild 133 b ein invertierender Verstärker gezeigt. Mit der Idealbedingung $i_D = 0$ und $u_D = 0$ (s. o.) erhält man für die Verstärkung
des nichtinvertierenden Verstärkers (Bild 133 a)

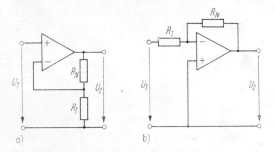

a) b)

Bild 133. Operationsverstärkerschaltung
a) nichtinvertierend; b) invertierend

$$V = \frac{U_2}{U_1} = 1 + \frac{R_N}{R_1} \tag{85}$$

und des invertierenden Verstärkers (Bild 133b)

$$V = \frac{U_2}{U_1} = -\frac{R_N}{R_1}. \tag{86}$$

Man erkennt, daß die Verstärkung mit den externen Widerständen R_N und R_1 eingestellt werden kann und nicht von den Eigenschaften des Operationsverstärkerschaltkreises abhängt.
Macht man für den Verstärker im Bild 133 a) $R_N = 0$, so wird $V = 1$, d. h., man erhält einen sogenannten Spannungsfolger mit der hohen Eingangsimpedanz und einer niedrigen Ausgangsimpedanz (der Ausgangswiderstand des Schaltkreises A 741 ist beispielsweise $R_a = 75\,\Omega$).

6.2. Digital-Analog- und Analog-Digital-Konverter (DAC, ADC)

Wie bereits eingangs erwähnt, sind zur Anpassung der digitalen Informations-verarbeitungssysteme an die analoge Umwelt Signalwandlungen von Analog-größen in Digitalgrößen und umgekehrt vorzunehmen. Eine solche Signal-verarbeitungskette ist im Bild 134 dargestellt. Ein physikalischer Prozeß

Bild 134. Wirkungskette Prozeß — Mikrocomputer — Prozeß

liefert ein analoges Signal (z. B. Druck), das zunächst mittels eines Sensor-bauelementes in ein analoges elektrisches Signal umgewandelt werden muß (liefert der Prozeß direkt ein elektrisches Signal, z. B. Spannung, so kann der Sensor entfallen). Unter Umständen ist danach noch eine Verstärkung (z. B. mittels eines Operationsverstärkers, s. Abschn. 6.1.) erforderlich. Danach er-folgt schließlich die Umwandlung des analogen elektrischen Signals (z. B. kontinuierlich verlaufende zeitvariable Spannung) in ein digitales Signal (das ist ein Binärwort aus 1en und $\emptyset$en, wie wir es in den Abschnitten 3. bis 5. immer verwendet haben). Nach der Verarbeitung (z. B. in einem Mikrocom-puter nach einem bestimmten Programm) muß das Ausgangssignal, das zu-nächst wieder aus einem Binärwort besteht, in ein analoges Signal verwan-delt werden, um z. B. ein Stellglied (Ventil, Motor o. a.) zu betätigen. Das erfolgt mit einem Digital-Analog-Wandler (DAC).

Wir wollen nun zunächst die Umwandlung eines analogen Signals in ein digitales Signal anhand der Wandlerkennlinie Bild 135 betrachten. Eine kontinuierlich verlaufende Spannung U_x (Analogsignal) wird in ein stufen-förmig verlaufendes Signal U_{DAC} (Digitalsignal) umgewandelt, und jedem diskreten Wert der Digitalspannung wird ein Binärwort zugeordnet. Um die Sache übersichtlich zu halten, haben wir im Bild 135 die Umwandlung in ein 8stufiges Signal gewählt. Zur Kodierung der 8 Amplitudenstufen sind drei Bits $b_2\ b_1\ b_0$ erforderlich, wobei der Kode $\emptyset\emptyset\emptyset$ der niedrigsten und der Kode 111 der höchsten Amplitudenstufe entspricht. In unserem Fall ist also die

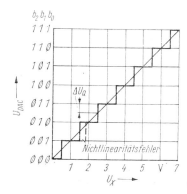

Bild 135. Analog-Digital-Wandlerkennlinie

kleinste quantisierte Spannungseinheit 1 V. Allgemein gilt bei einem Wandler mit n Bits für die kleinste quantisierte Spannungseinheit U_{LSB} (LSB $\triangleq$ least significant bit):

$$U_{\text{LSB}} = \frac{U_{\text{xmax}}}{2^n - 1}. \tag{87}$$

Infolge Nichtlinearitäten können Wandlungsfehler auftreten wie dies im Bild 135 gezeigt ist.

Digital-Analog-Konverterschaltkreise wandeln ein Digitalsignal $b_{n-1}, \ldots b_1, b_0$ in ein (stufenförmiges) Analogsignal U_{DAC} um. Das Analogsignal U_{DAC} verläuft dabei um so glatter, je größer die Bitzahl (Wandlerbreite) des DAC-Schaltkreises ist. Wandlerbreiten von 14 bis 18 bit sind heute durchaus erreichbar. Bei $n = 16$ bit beträgt damit die Stufenhöhe eines Signals mit maximal 5 V 5 V$/(2^{16} - 1) = 76$ µV, während es bei $n = 3$ bit 5 V$/(2^3 - 1) = 0{,}7$ V betragen würde. Der Preis für solche Schaltkreise steigt aber sehr steil mit n an.

Es gibt eine Vielzahl von Schaltungsvarianten zur Realisierung eines DAC. Sehr populär ist die Schaltung mit R-$2R$-Netzwerk nach Bild 136. Dies ist praktisch ein invertierender Verstärker gemäß Abschn. 6.1., Bild 133a, mit

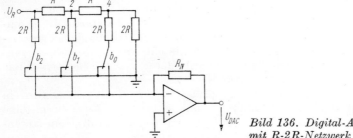

Bild 136. Digital-Analog-Konverter mit R-2R-Netzwerk

veränderbarem U_1. Zur binärgestuften Veränderung von U_1 dienen die Umschalter $b_2 \ldots b_0$. Ist $b_i = \emptyset$, so soll der jeweilige Schalter in der linken Position sein, ist $b_i = 1$, so soll der Schalter in der rechten Position sein. Die Belegung von b_i entspricht direkt dem zu wandelnden Binärwort, z. B. $b_2 b_1 b_0 = \emptyset 1 \emptyset$ gibt ein $R_1 = 2\,R$ und damit $\left(U_1 = \dfrac{U_{\text{R}}}{2}\right)$ $U_{\text{DAC}} = -\left(\dfrac{R_{\text{N}}}{4R}\right) U_{\text{R}}$ bzw. speziell für $R_{\text{N}} = R$ und 5 V ein $U_{\text{DAC}} = 1{,}25$ V.

Allgemein gilt:

$$U_{\text{DAC}} = -\frac{R_{\text{N}}}{2R} \sum_{i=0}^{n-1} \frac{b_i}{2^{n-1-i}}. \tag{88}$$

Die Schalter im Bild 136 werden mit Transistoren realisiert.

Analog-Digital-Konverter- (*ADC-*) *Schaltkreise* gibt es auch in vielfältigen Schaltungsausführungen mit unterschiedlichen Wandlerbreiten (4 bis 16 bit). Am leichtesten kann man die Funktion am Parallelwandler verstehen (s. Bild 137). Mittels einer Spannungsteilerkette wird eine Referenzspannung U_{R} (die auf die maximal zu wandelnde Analogspannung U_x abgestimmt

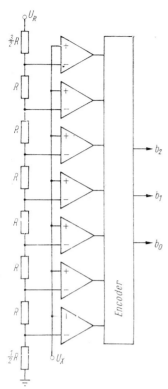

Bild 137. Paralleler Analog-Digital-Konverter

werden muß) in Stufen geteilt, und zwar für n bit $2^n - 1$ Stufen, i. u. B. $2^3 - 1$ $= 7$ Stufen. In den Operationsverstärkern, die hierbei als Komparatoren wirken (Spannungsvergleicher), werden die Spannungsstufen mit der anliegenden Analogspannung verglichen. Ist die Analogspannung größer als die entsprechende Spannungsstufe, so gibt der Komparator eine Spannung an die Logik ab, sonst nicht. Aus den an den Eingängen der Logikschaltung anliegenden Spannungen kodiert die Logik das Binärwort $b_2 b_1 b_0$, das der Analogspannung entspricht. Dieses Wandlerverfahren ist das schnellste überhaupt, besitzt jedoch einen hohen Schaltungsaufwand, da für n bit $2^n - 1$ Komparatoren erforderlich sind, also z. B. für $n = 8$ bit (übliche Datenbreite von 8-bit-Mikroprozessoren, s. 5.) $2^8 - 1 = 255$ Komparatoren.

Neben diesen sind noch die sukzessiven Approximationsverfahren (hierbei wird das Wandlungsergebnis über mehrere Zyklen sukzessiv ermittelt, indem sukzessive Vergleiche durchgeführt werden und damit die Bits des Digitalwortes nacheinander gesetzt werden) und die Zählverfahren. Letztere sind die einfachsten, jedoch auch langsamsten. Das Prinzip ist wie folgt: Ein Kondensator wird auf die Analogspannung aufgeladen. Danach erfolgt eine definierte Entladung, während der ein Binärzähler zählt. Da die Entladung um so länger dauert, je größer die Analogspannung U_x war, ist der Zählerstand direkt das gesuchte Binärwort.

Anhang A

$A\,S\,C\,I\,I$ — Zeichenkode (Auswahl)

$\emptyset\emptyset$ keine Taste

$\left.\begin{array}{l}\emptyset\,1\\ \quad .\\ \quad .\\ 1\,\mathrm{F_H}\end{array}\right\}$ Kennzeichen für Steuerkodes, z. B. $\emptyset D \triangleq$ carriage return

$2\emptyset_{\mathrm H}$	SPACE		
$21_{\mathrm H}$	!		
$22_{\mathrm H}$	”		
23	#		
24	\$		
25	%		
26	&		
27	‘		
28	(		
29	)		
$2A$	✳	$3A$	:
$2B$	+	$3B$	;
$2C$	,	$3C$	<
$2D$	−	$3D$	=
$2E$	.	$3E$	>
$2F$	/	$3F$	?
$3\emptyset$	$\emptyset$	$4\emptyset$	ⓐ
31	1	41	A
.	.	.	
.	.	.	
.	.	.	
39	9	$5A_{\mathrm H}$	Z

Anhang B

Tristatetreiberschaltkreise

Im Abschn. 3.3.9. hatten wir gelernt, was Tristatetreiber sind. Für 8-bit-Mikroprozessorsysteme ist ein Schaltkreis nach Bild B. 1a und B. 1b mit 8 nichtinvertierenden (a) bzw. 8 invertierenden Treibern (b) sehr vorteilhaft. Die Treiber werden aktiviert, bei Lowpegel an den Eingängen CS1 **und** CS2, ansonsten befinden sich die Treiber im hochohmigen Zustand. Solche Schaltkreise werden von verschiedenen Herstellern unter verschiedenen Typenbezeichnungen angeboten.
(z. B. 74240/241; 540/541)

1-aus-8-Dekoderschaltkreise

Die Grundlagen der Dekoder hatten wir im Abschn. 3.3.3. behandelt. Danach benötigt ein 1-aus-8-Dekoder 3 Eingänge, da mit 3 bit $2^3 = 8$ unikale Signale verschlüsselt werden können. Dementsprechend enthält der Schaltkreis für unseren Microcomputer die drei Eingänge A, B, C (s. Bild B.2.). Zusätzlich besitzt er aber noch Enableeingänge E_1, E_2, E_3, wobei eine Aktivierung der Ausgänge Y_1 ... Y_8 nur dann erfolgt, wenn $E_1 =$ low **und** $E_2 =$ low **und** $E_3 =$ high ist, also wenn gilt $\bar{E}_1\,\bar{E}_2\,E_3 = 1$.

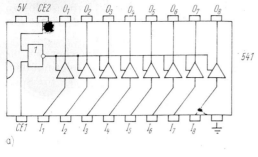

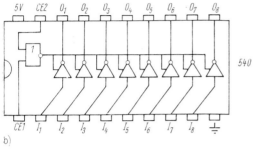

Bild B1. Treiberschaltkreis mit

a) 8 nichtinvertierenden Treibern;
b) 8 invertierenden Treibern

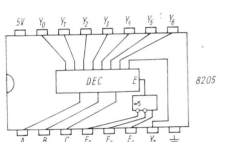

Bild B2. 1-aus-8-Dekoderschaltkreis

Für die Dekodierung gilt folgendes Schema:

A	B	C	Y_1	Y_2	Y_3	Y_4	Y_5	Y_6	Y_7	Y_8
Ø	Ø	Ø	Ø	1	1	1	1	1	1	1
1	Ø	Ø	1	Ø	1	1	1	1	1	1
Ø	1	Ø	1	1	Ø	1	1	1	1	1
1	1	Ø	1	1	1	Ø	1	1	1	1
Ø	Ø	1	1	1	1	1	Ø	1	1	1
1	Ø	1	1	1	1	1	1	Ø	1	1
Ø	1	1	1	1	1	1	1	1	Ø	1
1	1	1	1	1	1	1	1	1	1	Ø

(z. B. 8205)

Anhang C

Wir wollen im folgenden das Schaltbild 128 erläutern:
Das Herz des Mikrocomputers bildet die CPU Z 80 (#1), an die über den Tristatetreiber #2 die Tastatur und die statischen RAM-Speicherschalt-

165

kreise #3 bis #10 und die EPROM-Schaltkreise #11 bis #15 angeschlossen sind. Die Aktivierung des Tristatetreibers für die Tastatur #2 erfolgt mit $A_0 = \emptyset$ und $\overline{RD} = \emptyset$, so daß dieser Port die Adresse $\emptyset$FEH besitzt.

Die Adreßleitungen A_0 bis A_9 werden direkt an die RAM-Speicher #3 bis #10 geführt. Mit den 3 höchstwertigen Adressen A_{13}, A_{14}, A_{15} erfolgt mit dem Dekoderschaltkreis #16 die Erzeugung von 8 Blockselektsignalen für Speicherblöcke mit einem Umfang von jeweils 8 kbyte. Von diesen Blöcken werden aber bei uns nur die ersten beiden benötigt (siehe Bild 127). Mit dem Blockauswahlsignal $B1$ (Y_0) wird ein 8-k-Block von EPROM-Speichern angesprochen (s. Bild 127). Da die verwendeten EPROM-Speicher nur jeweils 2 kbyte besitzen, müssen 4 Chipselektsignale erzeugt werden. Dieses geschieht wieder mittels eines Dekoderschaltkreises #18, wo aus den Adressen A_{11}, A_{12}, A_{13} 8 2-kbyte-Segmente dekodiert werden, von denen wir aber nur die ersten 4 benötigen. Der Dekoder #18 wird durch das Blockauswahlsignal Y_0 aktiviert. Der 5. EPROM-Schaltkreis und alle RAM-Schaltkreise liegen im Block 2 (s. Bild 127). Mittels des Dekoders #17 werden aus den Adressen A_{10}, A_{11}, A_{12} 8 1-kbyte-Segmente dekodiert. Die ersten beiden (Y_1, Y_2) dienen als Chipselect für EPROM #15, das folgende Y_3 für den Videospeicher #20/#21 im Videointerfaceadapter (VIA), das folgende Y_4 ist unbenutzt (s. Bild 127), und die letzten 4 $Y_5 \ldots Y_8$ dienen als Chipselektsignale für den Nutzer-RAM #3 bis #10. Der 4-MHz-Takt wird mittels eines einfachen astabilen Multivibrators aus TTL-Invertern (7400 bzw. 7404, #19) erzeugt, wobei die Frequenz durch R_1 und C_1 bestimmt wird. Mit dem JK-Flipflop #0 wird die Taktfrequenz auf 2 MHz halbiert und der Z 80-CPU zugeführt. Die Erzeugung der externen $\overline{RESET}$ und $\overline{NMI}$-Signale erfolgt über Tasten nach Masse und die RC-Glieder R_4/C_4 bzw. R_3/C_3. Die Ladezeitkonstante $R_3 C_3$ für das $\overline{RESET}$-Signal ist größer als die für das $\overline{NMI}$ Signal. Dadurch bleibt RESET länger aktiv nach dem Einschalten, was ein definiertes Starten des Computers ermöglicht.

Die Erläuterung des Videointerfaceadapters (VIA) stützt sich ganz auf den Abschnitt 3.6.6.:

Dem VIA wird der 4-MHz-Takt zugeführt und in einem 8stufigen Teiler #23, #30 das Zeilensynchronsignal (ZSYN) mit einer Periodendauer von

$$H = \frac{1}{4} \cdot 10^{-6} \cdot 2^8 \quad s = 64 \; \mu s$$

$$\underbrace{}_{\substack{\text{Eingangs-} \\ \text{frequenz}}} \underbrace{}_{\substack{\text{Tei-} \\ \text{ler}}}$$

erzeugt, was der Fernsehnorm entspricht. Die Dauer des Synchronimpulses von $t_Z = 6 \; \mu s$ und dessen Lage relativ zum Zeilenaustastsignal $\overline{ZBL}$ wird durch das NAND-Gatter $L\,10$ bewirkt. Der Zeilenaustastimpuls $\overline{ZBL}$ mit einer Dauer von $(2+6+8) \; \mu s = 16 \; \mu s$ wird durch das NAND-Gatter $L\,11$ erzeugt. Nun erfolgt eine abermalige 8stufige Frequenzteilung mittels der Zähler #24 und #29. Es entsteht ein Bildsynchronsignal BSYN mit einer Periodendauer

$$V = H \cdot 2^8 = 64 \; \mu s \cdot 256 = 16,4 \; ms.$$

Die Dauer (16 H) und Lage dieses Synchronimpulses wird über das NAND-

Gatter $L12$ und der Bildaustastimpuls (Dauer 64 H) wird durch das NAND-Gatter $L13$ erzeugt.

Die internen Adressen $a_0 \ldots a_9$ für den Bildwiederholspeicher sowie die Reihenadressen für die einzelnen Zeichen $b_1 \ldots b_3$ werden mit den Spalten- ($\#28$, $\#25$) bzw. Zeilenzählern ($\#27$, $\#26$; vergleiche auch Bild 105) erzeugt.

Als Adressenmultiplexer dienen die 8-bit-Tristatetreiber $\#31$, $\#32$, $\#33$, $\#34$, die durch das interne Chipselektsignal CS (SCREEN) aus dem Decoder $\#17$ (Y_3) umgeschaltet werden. Die Anschaltung des Videospeichers an den Datenbus erfolgt über die Tristatetreiber $\#35$, $\#36$ bei aktivem CS (SCREE) und Lese- ($\overline{RD}$) bzw. Schreibaufruf ($\overline{WR}$). Die Ausgabe der Pixels eines Zeichens aus dem Zeichen-ROM $\#22$ über das Schreibregister $\#37$, $\#38$ ist genauso, wie es in Bild 105 beschrieben wurde. Lediglich ist nur ein horizontales Punktraster von 6 (im Unterschied zu 8 im Bild 104) pro Zeichen möglich, da bei 4 MHz 250 ns pro Pixel vorhanden sind und 32 Zeichen pro Zeile $32 \times 6 \times 250$ ns $= 48$ µs die Zeit einer hellgetasteten Zeile ist. Die analoge Mischung des Synchronsignals und des Videosignals zum genormten BAS-Signal nach Bild 126 erfolgt über die Widerstände R_5 und R_6 und den Transistor T_1.

Literaturverzeichnis

[1] *Elschner, H.*; *Möschwitzer, A.*: Einführung in die Elektrotechnik, Berlin: VEB Verlag Technik 1984
[2] *Penney, W. M.*; *Lau, L.*: MOS integrated circuits. New York: Van Nostrand Reinhold Comp. 1972
[3] *Möschwitzer, A.*; *Lunze, K.*: Halbleiterelektronik. 7. Auflage. Berlin: VEB Verlag Technik 1986
[4] *Barbe, D. F.* (Editor): Very large scale integration (VLSI). Berlin, Heidelberg: Springer-Verlag 1980
[5] *Johnson, D. E.*; *Hilburg, J. L.*; u. a.: Digital circuits and microcomputers. London: Prentice Hall 1979
[6] *Bernstein, H.*: Hochintegrierte Digitalschaltkreise und Mikroprozessoren. München: R.-Pflaum Verlag 1978
[7] *Givone, D. D.*; *Roesser, R. P.*: Microprocessors/microcomputers – an introduction. Tokyo: McGraw-Hill Kogakusha 1980
[8] *Mano, M. M.*: Digital logic and computer design. London: Prentice Hall 1979
[9] *Mead, C.*; *Conway, L.*: Introduction to VLSI systems. Amsterdam: Addison-Wesley Publishing 1980
[10] *Winner, L.* (Editor): IEEE International Solid State Circuits Conference. Digest of Technical Papers. New York: The Institute of Electrical and Electronics Engineers 1984, 1985
[11] *Schade, K.*; u. a.: Halbleitertechnologie. Bd. 2. Berlin: VEB Verlag Technik 1983
[12] *Möschwitzer, A.*; *Rößler, F.*: VLSI-Systeme. Berlin: VEB Verlag Technik (in Vorbereitung für 1987)
[13] *Diener, K.-H.*; u. a.: MISNET – Ein Netzwerkanalyseprogramm für integrierte MIS-Schaltkreise. IET **6** (1976), S. 494–502
[14] *Rößler, F.*; u. a.: LSISIMULATOR – ein leistungsfähiges Programmsystem zur Funktionsverifikation von hoch- und höchstintegrierten Schaltkreisen. Nachrichtentechnik. Elektronik **34** (1984) S. 213
[15] *Feske, K.*: Zur Berechnung redundanzfreier zweistufiger Schaltnetzwerke mit einer großen Zahl von Eingangs- und Ausgangssignalen. Wiss. Z. d. TU Dresden **28** (1979) S. 393–397
[16] *Wengel, N.*: Aufbau, Wirkungsweise und Einsatzvorbereitung von Taschenrechnerschaltkreisen. rfe **27** (1978) H. 5, S. 318–323
[17] *Hecker, W.*; u. a.: LSINET – ein neues Logik- und Timingsimulationsprogramm für LSI- und VLSI-Schaltkreise. Nachrichtentechnik. Elektronik **34** (1984) S. 214
[18] CALMA's Sticks. VLSI Design. Jan./Feb. 1982, S. 54
[19] *Kobayashi, T.*; u. a.: A 6k gate CMOS gate array. ISSCC 82 Digest 25 (1982) S. 174 u. 175
[20a] *Klein, R. D.*: Mikrocomputer Hard- und Softwarepraxis. 2. Auflage. München: Franzis-Verlag 1982
[20b] *Klein, R. D.*: Mikrocomputer selbstgebaut und programmiert vom Bauelement zum fertigen Z 80-Computer. 2. Auflage. München: Franzis-Verlag 1984

[21] *Chipwissen:* Mikrocomputer, Interfacetechniken, Würzburg: Vogel-Verlag 1983

[22] *Commodore:* VIC 20 programmers reference quide: Wayne, Commodore Bussiness Machines Inc. 1983

[23] *Klein, R. D.:* CP/M — ein Betriebssystem für jedermann, Teil 1—7 mc 1983, Heft 1—7

[24] *Möschwitzer, A.;* u. a.: OS-ALBI, Report TU Dresden 1985

[25] *Klein, R. D.:* Basicinterpreter. München: Franzis-Verlag 1983

[26] *Klein, R. D.:* Was ist PASCAL. München: Franzis-Verlag, 1982

[27] *Kieser, H.; Meder, M.:* Mikroprozessortechnik. 4. Auflage. Berlin: VEB Verlag Technik 1986

[28] *Norton, P.:* Die verborgenen Möglichkeiten des IBM PC. München: Carl Hanser Verlag 1985

Sachwörterverzeichnis